Nadine Kleinert

# Trojanisches Pferd Kundenzeitschrift: Journalismus versus Public Relations

## Die Magazine von Audi, BMW, Mercedes-Benz und Porsche in der Analyse

… für meine Eltern und Kai

Nadine Kleinert

# TROJANISCHES PFERD KUNDENZEITSCHRIFT: JOURNALISMUS VERSUS PUBLIC RELATIONS

Die Magazine von Audi, BMW, Mercedes-Benz und Porsche in der Analyse

*ibidem*-Verlag
Stuttgart

**Bibliografische Information der Deutschen Nationalbibliothek**
Die Deutsche Nationalbibliothek verzeichnet diese Publikation in der Deutschen Nationalbibliografie; detaillierte bibliografische Daten sind im Internet über http://dnb.d-nb.de abrufbar.

**Bibliographic information published by the Deutsche Nationalbibliothek**
Die Deutsche Nationalbibliothek lists this publication in the Deutsche Nationalbibliografie; detailed bibliographic data are available in the Internet at http://dnb.d-nb.de.

∞

Gedruckt auf alterungsbeständigem, säurefreien Papier
Printed on acid-free paper

ISBN-10: 3-89821-927-5

ISBN-13: 978-3-89821-927-3



Printed in Germany

# Inhaltsverzeichnis

# Abkürzungsverzeichnis

| | |
|---|---|
| ag.ma | Arbeitsgemeinschaft Media-Analyse e. V. |
| B2b | Business-to-business |
| B2c | Business-to-consumer |
| B2i | Business-to-investor |
| CP | Corporate Publishing |
| CPA | Corporate-Publishing-Akademie |
| DJV | Deutscher Journalisten-Verband |
| DTM | Deutsche Tourenwagen Meisterschaft |
| FCP | Forum Corporate Publishing |
| IAA | Internationale Automobil-Ausstellung |
| IVW | Informationsgemeinschaft zur Feststellung der Verbreitung von Werbeträgern e. V. |
| POS | Point of Sale |
| PR | Public Relations |
| VDZ | Verband Deutscher Zeitschriftenverleger |

# Abbildungsverzeichnis

# Tabellenverzeichnis

# 1 Einleitung

Es gibt sie überall: Kundenzeitschriften – sie sind zu einem omnipräsenten Phänomen in unserem Alltag geworden: Ob in der Apotheke, im Supermarkt oder im heimischen Briefkasten von der Krankenkasse oder der Bank – sich der Flut von Kundenzeitschriften zu entziehen, scheint schier unmöglich.

Das zu den „ältesten Instrumenten der Unternehmenskommunikation" (Müller 1998, 1) gehörende Medium hat besonders seit Mitte der 90er Jahre einen enormen Aufschwung erfahren. In diesem Zusammenhang wird häufig auch von einer *Renaissance* der Kundenzeitschrift gesprochen (vgl. Mast u. a. 2005, 179). Die Gründe für diese Renaissance liegen u. a. in der zunehmenden Reaktanz der Rezipienten: Kunden und solche, die es noch werden könnten, werden mit Informationen jeglicher Art überflutet und reagieren mit gesteigerter Ablehnung darauf. Auch angesichts verschärfter Wettbewerbsbedingungen, gesättigter Märkte sowie nahezu austauschbarer Produkte und Dienstleistungen wird es immer schwieriger, sich als Unternehmen deutlich von anderen abzuheben. Ziele wie Profilierung und Differenzierung erfordern besondere kommunikative Aktivitäten, um Kunden und andere Anspruchsgruppen zielgerichtet und wirkungsvoll zu erreichen. Bleibt die Frage nach dem Kanal: Mit welchen Medien kann dies erreicht werden?

Neben zahlreichen multimedialen und interaktiven Medien hat sich auch die Kundenzeitschrift wieder einen festen Platz in der langen Reihe der Instrumente der Unternehmenskommunikation gesichert. Dies bestätigen die aktuellen Zahlen des Forum Corporate Publishing (FCP)[1], der Branchenvertretung der Corporate Publishing-Dienstleister in Deutschland: Es geht davon aus, dass der Markt der Kundenzeitschriften aktuell mehr als 3 500 Titel mit einer Gesamtauflage von 456 Millionen Exemplaren umfasst. Des Weiteren rechnet die Branchenvertretung mit steigenden Titelzahlen sowie mit einer Zunahme der Dienstleistungsanbieter im Bereich Corporate Publishing (vgl. Wadlinger 2005, 36).

Die Auflagen- und Titelzahlen sind auch ein Beleg dafür, dass Unternehmen keine Kosten und Mühen scheuen, eine eigene Kundenzeitschrift zu editieren. Auffällig ist, dass auch die neuen Medien der Beliebtheit der Kundenzeitschrift keinen Abbruch tun – sie ist also kein verstaubtes Relikt aus vergangenen Zeiten. Im Gegenteil, das Riepl'sche Gesetz von 1913 scheint sich im Bereich der Unternehmensmedien zu bestätigen. Es besagt, dass neue Medien die alten nicht verdrängen, sondern alte und neue Medien komplementär genutzt werden (vgl. Riepl 1972, 4 f.). Das Internet und andere multimediale Kommunikationsmittel haben Printmedien wie Mitarbeiterzeitschrift und Kundenmagazin[2] nicht verdrängt, sondern ergänzen diese im Kommunikationsmix.

## 1.1 Problemstellung und Zielsetzung der Studie

Das Segment der Kundenzeitschriften erweist sich als ein „äußerst vielgestaltiges und heterogenes“ (Röttger 2002, 109). Somit ergeben sich zahlreiche Perspektiven, aus denen sich Kundenzeitschriften betrachten und erforschen lassen.

[1] Näheres zum FCP in Abschnitt 2.5.1.

[2] In dieser Studie werden die Begriffe *Kundenzeitschrift* und *Kundenmagazin* synonym verwendet.

Diese Studie beleuchtet Kundenzeitschriften aus kommunikations- und publizistikwissenschaftlicher Perspektive und beschäftigt sich mit ihrer „medialen Sonderstellung“ (ebd., 123). Röttger (2002) prägt diesen Begriff in ihrem Beitrag *Kundenzeitschriften: Camouflage, Kuckucksei oder kompetente Information?* Darin beschreibt sie das „generelle Spannungsfeld“, in dem sich Kundenzeitschriften bewegen: Danach seien Kundenzeitschriften einerseits PR- bzw. Marketing-Produkt und somit eine Form von Auftragskommunikation; anderseits entsprächen sie in ihrem Erscheinungsbild und ihrer Aufmachung unabhängigen, journalistischen Zeitschriften. Nach Baerns (1991, 16) ist Öffentlichkeitsarbeit „Selbstdarstellung partikularer Interessen durch Information“; Journalismus hingegen ist „Fremddarstellung“.

Das Forschungsinteresse dieser Studie besteht darin, Licht in das beschriebene „Grenzgänger“-Dasein (ebd., 124) der Kundenzeitschriften zu bringen. Dabei bildet die Röttgersche These der medialen Sonderstellung der Kundenzeitschrift den Ausgangspunkt der Untersuchung.[3] Es wird davon ausgegangen, dass Kundenzeitschriften tatsächlich die beschriebene mediale Sonderstellung einnehmen und eine Schnittstelle bilden zwischen Public Relations[4] als Auftragskommunikation und Selbstdarstellung partikularer Interessen einerseits sowie Journalismus als unabhängige Information und Fremddarstellung anderseits.

In dieser Studie werden u. a. die Inhalte von Kundenzeitschriften betrachtet. Mast (2002, 292) schreibt hierzu, dass Themen in Kundenzeitschriften „eher allgemein gehalten sind und einen direkten oder oft auch versteckten Bezug zum Unternehmen haben“. Nach Ansicht von Röttger (2002, 109) enthalten

---

[3] Diese These wurde beispielsweise von Iris Giovanelli (2004) und Michaela Eicher (2003) in ihren Lizentiatsarbeiten an der Universität Zürich für einige Schweizer Kundenzeitschriften bestätigt.

[4] Synonym zum Terminus *Public Relations* wird in dieser Studie der Begriff *Öffentlichkeitsarbeit* verwendet.

Kundenzeitschriften neben Produkt- und Unternehmensinformationen auch „redaktionell bearbeitete, journalistische Textbeiträge".

Darauf aufbauend untersucht die vorliegende Studie ausgewählte Kundenzeitschriften der Automobilbranche, das Audi Magazin, das BMW Magazin, christophorus – das Porsche Magazin sowie das Mercedesmagazin, und bedient sich dabei der sozialwissenschaftlichen Methode der Inhaltsanalyse. Die zentrale Forschungsfrage lautet *Wie journalistisch sind Kundenzeitschriften?*[5]

## 1.2 Aufbau der Studie

Das auf die Einleitung folgende Kapitel 2 hat die *Kundenzeitschrift* zum Thema. Aufgrund ihrer herausragenden Stellung in der Unternehmenskommunikation wird hier die Kundenzeitschrift aus zahlreichen Perspektiven und zugleich umfassend beleuchtet. Einleitend wird der Forschungsstand sowie die Literaturlage zum Themenkomplex *Kundenzeitschrift* dargelegt, um eine Einordnung dieser Studie zu ermöglichen. Weiterhin bietet das Kapitel einen Überblick über die Marktentwicklung bzw. -situation im Segment der Kundenzeitschrift sowie zu den Definitionsansätzen. Auch Vertrieb und Finanzierung dürfen bei der Beschäftigung mit einem Printmedium nicht fehlen. Abschließend wird ein Blick in den Bereich Corporate Publishing (CP) geworfen: Was umfasst CP und welche Perspektiven bieten sich der Unternehmenspublizistik?

Die Kundenzeitschrift als Instrument der externen Unternehmenskommunikation sowie ihre Funktionen, Bedeutung und Inhalte sind Gegenstand des darauf folgenden Kapitels.

Kapitel 4 baut auf der medialen Sonderstellung der Kundenzeitschrift auf. Im Fokus der Betrachtung liegt der Journalismus in Kundenzeitschriften, d. h.

[5] Der ausführliche Fragenkatalog sowie die Herleitung der Kategorien erfolgt in Abschnitt 4.7.

die journalistische Aufbereitung der Themen in Kundenmagazinen. Einleitend wird die „Beziehungskiste“ (Altmeppen u. a. 2004, 7) von Journalismus und Öffentlichkeitsarbeit betrachtet, und die wesentlichen theoretischen Ansätze zu diesem Verhältnis werden vorgestellt. Darauf aufbauend beschäftigt sich Abschnitt 4.2 sowohl mit den Leistungen und Funktionen des Journalismus als auch mit denen der Public Relations. Der nächste Abschnitt dient der publizistischen Einordnung des Mediums Kundenzeitschrift.

Anschließend tritt der Journalismus in Kundenzeitschriften in den Vordergrund. Hier interessiert besonders, was journalistische Berichterstattung und journalistische Medien kennzeichnet. Dafür werden journalistische Kriterien erarbeitet und erklärt. Außerdem wird der Frage nachgegangen, warum redaktionelle Beiträge in Kundenmagazinen wichtig sind, was ihre Ziele sind und was sie von PR-Beiträgen unterscheidet. Kapitel 4 schließt mit der Erarbeitung eines Fragenkatalogs sowie mit dessen Operationalisierung ab.

Der Theorieteil (Kapitel 2 bis 4) wird durch einen empirischen Teil erweitert. In Kapitel 5 wird die sozialwissenschaftliche Methode der Inhaltsanalyse vorgestellt und als ein zur Bearbeitung der Forschungsfragen adäquates Instrument beschrieben. Zudem werden die vier ausgewählten Kundenzeitschriften portraitiert.

Die Ergebnisse der inhaltsanalytischen Untersuchung werden in Kapitel 6 präsentiert und diskutiert.

Den Abschluss dieser Studie bildet Kapitel 7. Hier werden die Ergebnisse der Inhaltsanalyse zusammengefasst und zur Bewertung in einen größeren Zusammenhang gestellt. Der letzte Abschnitt blickt in die Zukunft und bietet einen kurzen Ausblick zu dem Thema *Kundenzeitschriften und Corporate Publishing*.

# 2 Kundenzeitschriften

In immer enger werdenden Märkten verliert die klassische Werbung zunehmend an Bedeutung; andere, wirkungsvollere Instrumente kommen zum Einsatz. So auch die Kundenzeitschrift, welcher sich dieses Kapitel widmet. Es werden grundlegende Aspekte zum Themenkomplex der Kundenzeitschrift behandelt, um sowohl ihrem Facettenreichtum als auch der im Markt herrschenden Heterogenität Rechnung zu tragen.

## 2.1 Kundenzeitschriften als Forschungsgegenstand

Auflagen- und Titelzahlen sind ein Indiz für die Beliebtheit des Kommunikationsmediums Kundenzeitschrift. „Dennoch", so Röttger (2002, 112), „sind Kundenzeitschriften [...] bislang von der Publizistik- und Kommunikationswissenschaft nur am Rande berücksichtigt worden." Ihrer Meinung nach ist die defizitäre Wahrnehmung der Kundenzeitschrift auf zwei Faktoren zurückzuführen: Zum einen spiegelt sie die allgemein eher ablehnende Haltung der Kommunikationswissenschaft gegenüber der Öffentlichkeitsarbeit wider: Während der moralisch hochwertige Journalismus in der Wissenschaft Beachtung findet, stehen Public Relations immer noch unter „Ideologieverdacht" (ebd.) und werden deshalb vernachlässigt. Zum anderen führen definitorische Unschärfen und Abgrenzungsprobleme der Kundenpresse innerhalb des gesamten Zeitschriftenmarktes zu erheblichen Problemen in der wissenschaftlichen Auseinandersetzung. Bereits vor 40 Jahren konstatierte Kerlikowsky (1967, 33): „Wissenschaftlich systematische Arbeiten über Kundenzeitschriften liegen nur in ganz geringem Umfang vor." Und diese Aussage hat – zumindest größtenteils – noch heute Gültigkeit.

In den letzten Jahren sind vermehrt Beiträge aus der Praxis zum Thema Kundenzeitschriften erschienen. Als Beispiele sind die Publikationen der Deutschen Post zu nennen, die als Standardwerke innerhalb der Branche gelten. Die Deutsche Post hat sich als Vertriebspartner für Unternehmenspublikationen etabliert und veröffentlicht in regelmäßigen Abständen Leitfäden für die Praxis. Zudem bietet sie auf ihrer Homepage Informationsmaterial über die von ihr zu diesem Thema angebotenen Serviceleistungen; Studien, die meist in Zusammenarbeit mit dem Forum Corporate Publishing entstanden sind, stehen ebenfalls zum Herunterladen bereit. Regelmäßig veröffentlicht auch das FCP diverse Studien zu Unternehmensmedien, deren Evaluation und Wirkung, darunter zahlreiche speziell zum Thema Kundenzeitschriften. Die Studien der CP-Branche, die meist in Kooperation mit der Wirtschaft sowie mit universitären Einrichtungen durchgeführt werden, belegen den Erfolg des Mediums Kundenzeitschrift, zeigen aber auch Defizite und Schwachstellen auf. Einmal jährlich schreibt das FCP den *Best of Corporate Publishing*-Award[6] aus. Eine Jury aus Vertretern der Wirtschaft und Wissenschaft, des Journalismus und des FCP prämieren u. a. die besten Kunden- bzw. Mitarbeiterzeitschriften sowie Sonderveröffentlichungen wie z. B. Corporate Books (vgl. FCP 2006a).

Robens und Rau (2005) betrachten den Stellenwert der Kundenzeitschrift im Marketing (*Kundenzeitschriften: Stellenwert in Theorie und Praxis des Marketing*). Weitere Publikationen zum Thema sind erschienen: *Kundenzeitschriften: Mehrwert für Marken* von Thomas Schmitz (2004) und *Erfolgsfak-*

---

[6] In diesem Jahr wurde der Wettbewerb – eine Gemeinschaftsarbeit des FCP mit den Fachzeitschriften *acquisa*, *Horizont* und *werben & verkaufen* – bereits zum vierten Mal ausgeführt; eingereicht wurden insgesamt 542 Publikationen (vgl. Reuter 2006, 37).

*tor Kundenzeitschrift* von Heike Steinmetz (2004). Beide Autoren sind in der CP-Branche tätig und behandeln das Thema – gespickt mit Arbeitsanleitungen und Tipps – ausschließlich aus der Praxis-Perspektive. Außerdem verfassten Weichler und Endrös (2005) einen umfassenden, z. T. wissenschaftlichen Überblick mit dem Titel *Die Kundenzeitschrift*.

Die vorliegende Studie widmet sich den Inhalten von Kundenzeitschriften. So stellt sich die Frage, was wir überhaupt über Inhalte von Kundenmagazinen wissen: Welche Themen werden behandelt? Wie sind die Themen und Artikel aufbereitet? Sind die Inhalte überwiegend produkt- und unternehmensbezogen oder neutral und damit produkt- und unternehmensfremd? Fragen wie diese beantworten die genannten Praxisbeispiele gar nicht oder nur marginal und generalisierend.

Der bereits erwähnte Beitrag von Röttger (vgl. Kapitel 1.1) thematisiert aus kommunikationswissenschaftlicher Perspektive empirische und theoretische Befunde zum Themenkomplex der Kundenzeitschrift. Herausgearbeitet wird ihre mediale Sonderstellung zwischen Journalismus und PR.

Röttger betreute auch zwei Lizentiatsarbeiten an der Universität Zürich. Giovanelli (2004) und Eicher (2003) nähern sich der Kundenzeitschrift ebenfalls aus kommunikations- und publizistikwissenschaftlicher Perspektive. Die Arbeiten ergänzen sich in ihren Fragestellungen; das Codebuch wurde von beiden Autorinnen gemeinsam erstellt. Auch das Sample, das neun Schweizer Kundenzeitschriften aus dem B2c-Bereich der Branchen Lebensmittelhandel, Verkehr und Energieversorgung umfasst, ist identisch (vgl. Eicher 2003, 57; Giovanelli 2004, 59 ff.).

Giovanelli (2004, 58) untersucht Kundenzeitschriften nach journalistischen Kriterien und betrachtet ihre Inhalte und Themenprofile. Die übergeordnete Forschungsfrage lautet: „Sind in Kundenzeitschriften journalistische Merkmale zu finden? Wenn ja, welche?“ (ebd., 55).

Eicher hingegen setzt den Schwerpunkt ihrer Analyse auf die Imagegestaltung in Kundenzeitschriften: „Welche Funktionen erfüllen Kundenzeitschriften innerhalb der Unternehmenskommunikation – insbesondere bezogen auf die Imagegestaltung der Unternehmung?“ (Eicher 2003, 49). Ein Teilergebnis der Untersuchung ist für die vorliegende Studie von Bedeutung: Eicher kommt zu dem Schluss, dass die Artikel der ausgewählten Kundenmagazine entweder einen direkten oder einen indirekten Bezug zum herausgebenden Unternehmen aufweisen (vgl. ebd., 76 ff.).

Als Standardwerk angesehen werden kann die Dissertation von Frank Müller (1998) an der Universität St. Gallen. Die Arbeit gilt als die erste umfassende wissenschaftliche Untersuchung zum Thema Kundenzeitschriften. Müller befragte hierzu die jeweils 400 umsatzstärksten Unternehmen in Deutschland und der Schweiz (Erhebungszeitraum 11/95 bis 1/96). Der Blickwinkel der Arbeit ist primär ein betriebswirtschaftlicher; kommunikations- und publizistikwissenschaftliche Aspekte spielen nur eine untergeordnete Rolle (vgl. Eicher 2003, 11).

Ziel der Studie *Kundenzeitschriften 2005. Kosten und Organisation*[7] war es, den Status Quo in Sachen Kundenzeitschriften abzubilden und herauszufinden, welchen Stellenwert Kundenmagazine heute in Unternehmen haben und welche Leistungen sie erbringen. Zentrales Ergebnis[8] ist u. a., dass sich Unternehmen ihre Kundenzeitschrift durchschnittlich jährlich rund 300 000 € kosten lassen.

Eine Ausnahme bildet die Pilotstudie *Armada* des Instituts für Demoskopie in Allensbach aus dem Jahr 2000. Hierfür wurden 2 200 Interviews mit

---

[7] Herausgeber der Studie sind das Institut für Journalismus und Public Relations der Fachhochschule Gelsenkirchen (Prof. Dr. Kurt Weichler) sowie die Hamburger Agenturen *plan p.* und *Konzepthaus*. 700 Fragebögen wurden per Post oder per E-Mail an Verantwortliche für Kundenzeitschriften sowie für Pressestellen versandt; die Rücklaufquote betrug knapp zehn Prozent. Befragungszeitraum war im Januar 2005 (vgl. Studie Kosten und Organisation 2005, 10 f.).

[8] Die Ergebnisse können im Rahmen dieser Studie nicht erörtert und präsentiert werden. Die Automobilbranche betreffende Aspekte werden an entsprechender Stelle verarbeitet.

Lesern von Kundenzeitschriften geführt. Da eine Finanzierung nicht sichergestellt war, blieb es bisher bei dieser einmaligen Studie (vgl. Weichler und Endrös 2005, 219).[9] Zentrales Ergebnis ist, dass vier Fünftel der Befragten Kundenzeitschriften lesen. Diese hohe Akzeptanz der Kundenmagazine durch die Leserschaft ist vergleichbar mit der von Kaufzeitschriften (vgl. van Rinsum 2001, 10).

Einschlägige Fachzeitschriften, besonders aus den Bereichen Marketing und Kommunikation, dazu gehören u. a. *acquisa*, *Media Spectrum*, *Direkt Marketing*, *Absatzwirtschaft* und *werben & verkaufen*, beschäftigen sich regelmäßig mit den Themen Kundenzeitschriften und Corporate Publishing. Es werden aktuelle Trends, Studien und Qualitätsstandards vorgestellt und diskutiert.

## 2.2 Der Kundenzeitschriftenmarkt

Die Kundenzeitschrift hat eine lange Tradition. Ihre Geschichte geht bis in das 16. Jahrhundert zurück: Jakob Fugger, ein Augsburger Kaufmann und Bankier, hat damals bereits die Berichte seiner Handelsreisenden handschriftlich zu Informationsblättern zusammengefasst, um diese an Gönner des Hauses Fugger und an Geschäftsfreunde weiterzugeben. Inhaltlich boten diese ersten „Hauszeitschriften“ sowohl Informationen zu Produkten und Rohstoffen als auch Nachrichten aus aller Welt (vgl. Kropff 1960, 491). Diese handschriftlich verfassten Mitteilungsblätter haben nach Weichler und Endrös (2005, 34) somit schon die „kundenzeitschriftentypischen Funktionen“ übernommen.

Als nachweislich erste Kundenzeitschrift erschien im Jahre 1895 das Kundenmagazin *Norddeutsches Handwerk* der Handwerkskammern Niedersachsen und Magdeburg (vgl. Robens und Rau 2005, 11).

---

[9] Die Studie ist nicht frei zugänglich und liegt der Autorin nicht vor.

Obwohl ab Mitte des 20. Jahrhunderts die Zahl der Kundenzeitschriften kontinuierlich anstieg, verlor das Medium als Kundenkommunikationsinstrument an Bedeutung. Moderne, technikbasierte Instrumente der klassischen Werbung wie TV- und Hörfunkspots, aber auch Printwerbung liefen der Kundenzeitschrift den Rang ab (vgl. ebd.).

Einhergehend mit dem allmählichen Wandel vom Verkäufer- zum Käufermarkt vollzog sich im Bereich des Marketings ein Paradigmenwechsel hin zum Relationship-Marketing. Im Zuge dessen wurde ab Mitte der 90er Jahre das Medium Kundenzeitschrift als vielseitiges Instrument der Unternehmenskommunikation wiederentdeckt, was Titel- und Auflagenzahlen belegen. Diese „Boomjahre der Kundenpresse" (Weichler und Endrös 2005, 35) hielten bis vor wenigen Jahren an (vgl. Robens und Rau 2005, 17 f.). So zeigt Abbildung 2.1 auf Seite 14 beispielsweise die Auflagenentwicklung der IVW-geprüften Kundenzeitschriften in den letzten zehn Jahren.[10]

Mittlerweile ist das Wachstum moderater, was der Rückgang der Neugründungen von Kundenzeitschriften belegt. Dennoch ist die CP-Branche positiv gestimmt, besonders weil die Professionalität der Unternehmespublizistik und damit auch die der Kundenzeitschriften steigt (vgl. Studie Kosten und Organisation 2005, 58 f.).

Trotz ihrer Beliebtheit und ihrer vielfältigen Einsatzmöglichkeiten liegen zuverlässige Daten über Auflagen- und Titelzahlen im deutschen Kundenzeitschriftenmarkt nicht vor. Dafür gibt es verschiedene Gründe: Zum einen existiert immer noch kein geeignetes Instrument zur Ermittlung und Erfassung solcher Zahlen. So verzeichnet z. B. die IVW ein Segment *Kundenzeitschriften*, das Melden der Abverkäufe an die IVW durch Verlage oder herausgebende Unternehmen erfolgt allerdings auf freiwilliger Basis (vgl. Weichler

---

[10] Die Informationsgemeinschaft zur Feststellung der Verbreitung von Werbeträgern e. V. (IVW) ermittelt, veröffentlicht und kontrolliert seit 1949 u. a. die Auflagenhöhe von Zeitungen, Zeitschriften und weiteren periodisch erscheinenden Presseerzeugnissen sowie seit geraumer Zeit die Seitenabrufe von Online-Medien (vgl. IVW 2006b).

und Endrös 2005, 39). Zum anderen erschwert die „definitorische Unschärfe" (Röttger 2002, 113) eine klare Zuordnung einiger Titel zum Segment der Kundenzeitschrift. Als Beispiel hierfür führt Röttger das in den Fernverkehrszügen der Deutschen Bahn ausliegende Faltblatt *Ihr Reiseplan*[11] an, das in der MediaFinder-Datenbank[12] unter Kundenzeitschriften aufgelistet ist. Ebenso verhält es sich mit der *ADAC Motorwelt*, bei der fraglich ist, ob es sich um eine Kunden- oder um eine Mitgliederzeitschrift handelt (vgl. ebd.).

Bei der IVW waren im ersten Quartal 2006 73 Kundenzeitschriften mit einer Gesamtdruckauflage von über 49,5 Millionen Exemplaren gemeldet. Davon gehörten 28 den branchenbezogenen und 45 den unternehmens-, produkt- und dienstleistungsbezogenen Kundenzeitschriften an (vgl. IVW 2006a). Die Zimpel-Datenbank[13] hingegen verzeichnet aktuell über 1 000 Kundenmagazine (vgl. Zimpel 2006b).

Die große Differenz zwischen der Zahl der IVW-geprüften und der durch die Zimpel-Datenbank erfassten Titel macht deutlich, dass die Branche eines Erhebungsinstruments sowie einer Institution bedarf, die Transparenz schafft und valide Daten liefert.

[11] Das Faltblatt *Ihr Reiseplan* ist lediglich ein Informationsblatt für Reisende, dem Ankunfts- und Abfahrtszeiten sowie Anschlusszüge zu entnehmen sind. Redaktionelle Inhalte sucht man hier vergeblich.

[12] Diese Datenbank wurde vom Medienbüro MMM/Hamburg unter Führung von Bernd-Jürgen Martini erstellt, betreut und gepflegt. Sie lieferte umfangreiche Daten zum deutschsprachigen Kundenzeitschriftenmarkt. Nach dem Tod Martinis im Jahre 2003 wurde die Datenbank verkauft und steht seitdem nicht mehr kostenlos zur Verfügung (vgl. Weichler und Endrös 2005, 10 f.).

[13] Der Verlag Dieter Zimpel pflegt seit mehr als 35 Jahren eine PR-Mediendatenbank, die über 80 000 Kontakte umfasst. Die Zimpel-Datenbank stellt damit ein umfassendes und ständig aktualisiertes Nachschlagewerk für Medien- und PR-Kontakte dar (vgl. Zimpel 2006a).

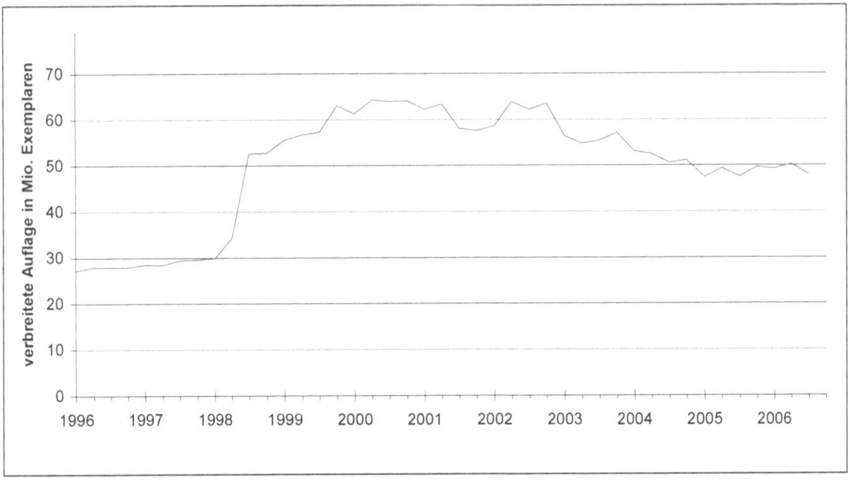


**Abb. 2.1:** Entwicklung der verbreiteten Auflage der IVW-geprüften Kundenzeitschriften

*Quelle:* Eigene Darstellung, Daten: IVW

## 2.3 Begriffbestimmung und Abgrenzung

Der folgende Abschnitt beschäftigt sich mit dem Begriff der Kundenzeitschrift sowie mit verschiedenen Typen von Kundenzeitschriften, die sich – je nach Inhalt und Zielsetzung – in der Praxis und auch in der Wissenschaft herauskristallisiert haben. Außerdem erfolgt eine erste grobe Abgrenzung der Kundenzeitschrift von Publikums- und Fachzeitschriften.[14]

### 2.3.1 Definitionsansätze

An dieser Stelle werden ausgewählte Definitionsansätze des Begriffs *Kundenzeitschrift* vorgestellt und Probleme, die im Zusammenhang mit der Definition dieses Begriffs auftreten, erörtert. Röttger (2002, 109) bemerkt hierzu: „Eine eindeutige definitorische Beschreibung von Kundenzeitschriften fällt nicht

[14] Eine systematische Abgrenzung liefert Abschnitt 4.3.

leicht, da der Begriff ein äußerst vielgestaltiges und heterogenes Mediensegment umfasst."

Grundsätzlich ist festzustellen, dass der Begriff Kundenzeitschrift selbst bereits zwei wesentliche Merkmale dieser Gattung nennt: die Adressaten – Kunden – sowie die Gestaltung und den Inhalt in Zeitschriftenform (vgl. Müller 1998, 22).

Die erste Schwierigkeit, den Begriff Kundenzeitschrift zu definieren, ergibt sich bereits aus der Tatsache, dass die Wissenschaft bis heute keine geschlossene Definition des Begriffs *Zeitschrift* hervorgebracht hat (vgl. Vogel 1998, 18 f.). Anders als bei der Zeitung, die durch sechs Merkmale[15] eindeutig bestimmt ist, liegt für die Zeitschrift lediglich eine Negativdefinition in Abgrenzung zur Zeitung vor: Nach Winter (2000, 413 f.) stimmt die Zeitschrift in den Kriterien *Disponibilität*, *Periodizität* (in anderer Ausprägung) und *Publizität* (teilweise) mit der Zeitung überein. Sowohl das Merkmal *Aktualität* als auch das Charakteristikum *Universalität* trifft dagegen nicht auf die Zeitschrift zu. Anders als die Zeitung hat die Zeitschrift nicht primär die Absicht, über aktuelle Ereignisse zu berichten. Was die *Universalität* angeht, sind Zeitschriften eher konzipiert, ein bestimmtes Themenspektrum und Interessengebiet zu behandeln als allumfassend zu berichten.

Die zweite Schwierigkeit ergibt sich daraus, dass die Kommunikations- und Publizistikwissenschaft Public Relations immer noch als eine Art „persuasive Kommunikation" (Wahl 1993, 292) begreift und so mit dazu beigetragen hat, dass Kundenzeitschriften vielfach als „publizistisches Randphänomen" (ebd.) bewertet werden und eine systematische wissenschaftliche Auseinandersetzung mit dieser Zeitschriftengattung bisher vernachlässigt wurde (vgl. ebd., 291 f.).

---

[15] Nach Schaffrath (2000, 433): *Publizität*, *Aktualität*, *Periodizität*, *Universalität*, *Disponibilität* und *Fixierung in Schrift und Druck*.

Eine schon ältere Definition von Kerlikowsky (1967, 111), der den Begriff „Public Relations-Zeitschrift" wählt, bringt das Spannungsfeld zur Sprache:

> „Die Kundenzeitschrift ist ein für Letztabnehmer betrieblicher Leistungen bestimmtes Public Relations-Mittel, das in der publizistischen Form der Zeitschrift erscheint, jedoch nicht öffentlichen Interessen im publizistischen Sinne dient, sondern Privatinteressen (denen des Verteilers) und unentgeltlich an eine dadurch bedingte Öffentlichkeit verteilt wird."

Kerlikowsky betont, dass die Kundenzeitschrift „ein im publizistischen Gewand auftretendes PR-Mittel" (ebd., 21) ist. Damit verweist er auf die von Röttger beschriebene mediale Sonderstellung und nennt die zwei Bereiche – Publizistik und PR – zwischen denen sich die Kundenzeitschrift bewegt.

Eine andere Definition stammt von der IVW (2001), die Kundenzeitschriften als

> „periodisch erscheinende Zeitschriften belehrenden und unterhaltenden Inhalts, die der Verbraucherinformation, dem Kundenkontakt und der Werbung dienen"

bezeichnet.

Die Definition der IVW spricht bereits einige wichtige Wesensmerkmale der Kundenzeitschrift an; demnach hat sie die Funktion, den Verbraucher zu informieren. Zudem dient sie dem Kundenkontakt sowie werblichen Maßnahmen. Dennoch bleibt die Definition sehr ungenau: soll die Kundenzeitschrift den Kontakt zum Kunden überhaupt erst herstellen oder fungiert sie als Medium der Kundenpflege? Des Weiteren wird die *Periodizität* als Merkmal genannt und der Inhalt angesprochen. Gänzlich unerwähnt bleibt hier jedoch ein zentraler Aspekt der Kundenzeitschrift: Unternehmen als Herausgeber. Wahl (1989, 57) sieht die Herausgabe von Kundenzeitschriften durch ein gewinnorientiertes Unternehmen als das ihr „wesenkonstitutives Merkmal" an. Anders als bei Presseverlagen, die Tageszeitungen und Zeitschriften zur Gewinnerzielung publizieren, geht es bei der Herausgabe einer Kundenzeitschrift nicht primär um das Erzielen von Erlösen (vgl. Weichler und Endrös 2005, 127).[16]

Dagegen hebt die Umschreibung des Begriffs *Kundenzeitschrift* von Weichler und Endrös (ebd., 221) sowohl den Herausgeber und als auch die Funktionen der Kundenzeitschrift hervor:

> „Kundenzeitschriften sind Zeitschriften, die von Unternehmen in der Regel kostenlos herausgegeben werden zum Zweck des Imageaufbaus, der Imagepflege, der Kundenbindung, der Kundengewinnung und/oder der Absatzförderung."

Die Autoren verdeutlichen damit auch, welche Vielfalt sich den Unternehmen bezüglich der Funktionen und Ziele von Kundenzeitschriften bietet.

Die Uneinheitlichkeit und mangelnde Präzision der Definitionsansätze findet sich auch in den Begriffsvariationen wieder. Die Bezeichnung „Nulltarif-Presse" (Martini 1998, 45) taucht ebenso auf wie die Begriffe „Kontaktpresse" (Vogel 1998, 52 ff.) und „Public Relations-Zeitschrift" (Kerlikowsky 1967, 11).

Wie auch immer das „Zwitter"-Phänomen[17] *Kundenzeitschrift* nun bezeichnet wird, gemeinsam ist allen Kundenmagazinen das periodische Erscheinen sowie die Herausgabe durch ein Unternehmen. Unterschiede manifestieren sich hinsichtlich der anzusprechenden Zielgruppe sowie der Ziele bzw. Funktionen, die das Medium erfüllen und wahrnehmen soll. Abhängig davon ist auch das äußere Gewand der Kundenzeitschrift: sie kann Magazincharakter haben, sie kann aber auch zeitungsähnlich aufgemacht sein.

---

[16] Zu den Funktionen und Zielen der Kundenzeitschrift vergleiche Abschnitt 3.3.1.

[17] „Die Macher von *Expression* (American Express) verstehen ihr Heft als *Zwitter*: einerseits anspruchsvolle Zeitschrift und andererseits imagepflegende Unternehmesinformation" (Karepin 1991, 46).

### 2.3.2 Typen von Kundenzeitschriften

Die wissenschaftliche Auseinandersetzung mit der Kundenzeitschrift hat nicht nur verschiedene Definitionen der Kundenzeitschrift selbst hervorgebracht, sondern auch unterschiedliche Definitionen zur Einteilung in Typen; die wichtigsten werden hier vorgestellt.

Nimmt man eine Typisierung von Kundenzeitschriften nach **Herausgebern** vor, so lassen sich zwei Typen unterscheiden: Branchen und Unternehmen (vgl. Weichler und Endrös 2005, 18).

Das bekannteste und meistgelesene Branchen-Kundenmagazin ist die *Apotheken Umschau*, die monatlich mit einer Auflage von über acht Millionen Exemplaren fast 18 Millionen Leser erreicht (vgl. Kunz 2006, 86). Weitere Beispiele für Branchenmagazine sind *Die Bäckerblume*, das Fachmagazin des deutschen Bäckerhandwerks, oder *Das Buch-Journal* als Branchentitel des deutschen Buchhandels. Diese Kundenzeitschriften werden von Verlagen erstellt, produziert und verantwortet. Einzelhändler der jeweiligen Branche kaufen sie und verteilen sie wiederum kostenlos, meist an der Ladentheke, an ihre Kunden. Eine Einflussnahme auf den Inhalt oder das Layout bleibt den Einzelhändlern bzw. den Unternehmen verwehrt (vgl. Weichler und Endrös 2005, 18).

Sind hingegen Unternehmen selbst Herausgeber von Kundenzeitschriften, so übernehmen diese fast immer die redaktionelle Verantwortung. Mit der redaktionellen Arbeit und der Produktion, sowie Anzeigenvermarktung und Distribution werden zumeist externe Corporate Publishing-Dienstleister oder Agenturen beauftragt. Die Kundenzeitschriften der Unternehmen enthalten dann, je nach Zieldefinition, mehr oder weniger große Anteile von Unternehmensinformationen (vgl. Mast 2002, 291 f.). Knapp 90 Prozent der am Markt befindlichen Kundenzeitschriften gehören der Gruppe *Unternehmen als Herausgeber* an (vgl. Weichler und Endrös 2005, 18 f.).

Bei der Einteilung von Kundenzeitschriften nach **Adressaten** lassen sich folgende Typen unterscheiden: Business-to-business-Magazine (B2b), die sich an Geschäftskunden und Lieferanten wenden, sowie Business-to-consumer-Magazine (B2c), die Kunden (und auch potentielle Kunden – abhängig von den definierten Zielen) und Verbraucher als Adressaten anvisieren. Küppers (2003, 6) nennt darüber hinaus eine dritte Zielgruppe und damit einen dritten Typ von Kundenzeitschriften, die Business-to-investor-Magazine (B2i), die speziell Investoren und Stakeholder informieren. Nach Angaben des FCP gab es 2003 3 537 Kundenzeitschriften im deutschen Markt; davon waren 1 917 den B2c- und 1 620 den B2b-Titeln zuzurechnen (vgl. Weichler und Endrös 2005, 36).

Eine dritte Typisierung betrifft die **Inhalte** von Kundenmagazinen: Mast u. a. (2005, 183) unterscheiden zwischen *quantitativen* und *qualitativen* Kundenzeitschriften. Erstere kennzeichnet u. a. ein geringer Umfang bei hoher Auflage sowie eine kostengünstige Produktion; Druck und Papier sind von minderer Qualität. Als Beispiel nennen Mast u. a. die Titel von Drogerie- und Supermarktketten. Ihr Hauptziel ist die Verkaufsförderung.

Dagegen werden qualitative Kundenzeitschriften oft in kleineren Auflagen, dafür aber auf hohem Niveau produziert. Inhaltlich sind sie eher allgemein gehalten und haben einen hohen Anteil an produkt- und unternehmensfremden Themen. Ein Bezug zur herausgebenden Unternehmung ist dabei oft nur indirekt vorhanden. Dem Leser soll ein Zusatznutzen in Form von Unterhaltung und Serviceangeboten offeriert werden. Zu den qualitativen Kundentiteln gehören z. B. die Magazine der Automobilbranche und der Fluggesellschaften (vgl. ebd.).

### 2.3.3 Kundenzeitschriften versus Publikumszeitschriften

Eine Gegenüberstellung von Kundenzeitschriften und Publikums- bzw. Fachzeitschriften ergibt sowohl Gemeinsamkeiten als auch Unterschiede, die sich zum einen in der äußeren Erscheinung und Gestaltung, zum anderen inhaltlich und thematisch manifestieren.[18]

Gemeinsamkeiten bestehen zwischen Publikums- bzw. Fachzeitschriften und Kundenmagazinen besonders hinsichtlich Aufmachung und Gestaltung: Kundenzeitschriften werden Publikums- und Fachzeitschriften immer ähnlicher. Viele Kundentitel weisen Magazincharakter auf und sind im Stil von Publikumszeitschriften gemacht. Auch journalistische Strukturierungsmerkmale wie beispielsweise Inhaltsverzeichnis und Rubriken gehören bei vielen Kundenzeitschriften mittlerweile zum Standard (vgl. Hönig 1998, 12).

Dennoch gibt es erhebliche Unterschiede zwischen beiden Zeitschriftenformen. Nach Hardenbicker (1999, 108) unterscheiden sich Kundenzeitschriften „von Presseerzeugnissen (kommerziellen Periodika) durch ihren non-profit-Charakter.“ Die Herausgabe einer Kundenzeitschrift dient also nicht primär der Gewinnerzielung, da die Adressaten von Kundenmagazinen durch den Herausgabezweck festgelegt sind, während kommerzielle Zeitschriften ihre Zielgruppe selbst durch die Konzeption bestimmen oder mit Hilfe von Umfragen erheben (vgl. ebd.).

Eine weitere inhaltliche bzw. thematische Differenz besteht nach Weichler und Endrös (2005, 21) darin, dass Publikumszeitschriften ihren Lesern ein objektives Bild der Wirklichkeit vermitteln, indem sie sowohl positive als auch negative Entwicklungen thematisieren und unterschiedliche Meinungen zulassen. Kundenzeitschriften sind dagegen generell ihrem „Status als Auftragskommunikation“ (Röttger 2002, 118) unterworfen: sie sind also Selbstdarstellungsplattform und PR-Instrument. So ist auch der Absender, das herausgebende Unternehmen, erkennbar – wenn auch inzwischen „professionell und unaufdringlich“ (Hönig 1998, 12). Heijnk (1998, 11) hebt hervor, dass Kundenmagazine gerade aufgrund ihres Status’ der Auftragskommunikation in ihrer freien Recherche- und Thematisierungsleistung einschränkt seien.

[18] Vergleiche hierzu auch Abschnitt 4.3.

Ein Blick in die Pressestatistiken soll abschließend zeigen, ob und inwiefern hier eine Trennung zwischen Publikums-, Fach- und Kundenzeitschriften vorgenommen wird. Für die IVW bilden Kundenmagazine ein eigenes Segment.[19] Der Verband Deutscher Zeitschriftenverleger (VDZ) hingegen unterteilt den Zeitschriftenmarkt ausschließlich in die Segmente *Fachzeitschriften*, *Konfessionelle Zeitschriften* und *Publikumszeitschriften*. Kundenzeitschriften gehören beim VDZ zu den *Publikumszeitschriften*, neben Frauenzeitschriften und Titeln der Motorpresse (vgl. VDZ – Verband Deutscher Zeitschriftenverleger 2006). Hier offenbart sich erneut das Problem der Definition bzw. Abgrenzung von Kundenmagazinen zu anderen Zeitschriftentypen.

Eine weitere Möglichkeit, Publikumszeitschriften und Kundenzeitschriften voneinander abzugrenzen, bieten die publizistischen Merkmale (vgl. hierzu auch Abschnitt 2.3.1).

So bleibt das Merkmal *Aktualität* sicherlich den Tageszeitungen vorbehalten. Publikums- und Fachzeitschriften sowie Kundenmagazine beschäftigen sich nicht primär mit tagesaktuellen Nachrichten. Dennoch können ihre Themen einen aktuellen Hintergrund haben. So gilt beispielsweise ein Thema in einer Kundenzeitschrift dann als aktuell, wenn es für das Unternehmen als aktuell – zeitlich bedeutend – zu bezeichnen ist: Die Markteinführung eines neuen Modells oder aber auch eine Automobilmesse können als ein *aktuelles* Thema in einer Automobil-Kundenzeitschrift gelten.

Hinsichtlich des Merkmals *Universalität* ist eine eindeutige Ja-oder-Nein-Aussage nicht möglich. Publikumszeitschriften haben aufgrund ihrer definierten Zielgruppe spezifische Inhalte und decken somit ein weniger breites Themenspektrum ab als Zeitungen. Dies gilt insbesondere für Fach- und Special-Interest-Zeitschriften. Auch Kundenmagazine sind, je nach Zielsetzung, eher monothematisch ausgerichtet; das heißt in diesem Fall nicht, dass sie nicht auch unternehmens- und produktfremde Themen behandeln können, sondern

---

[19] Siehe Abschnitt 2.3.

nur, dass sie kein umfassendes Themenspektrum bieten, wie dies Tageszeitungen tun.

Je nach Auflagenhöhe bzw. Reichweite erreichen Zeitungen und Zeitschriften mehr oder weniger Leser (Merkmal *Publizität*). Die Auflagenzahlen bei Kundenmagazinen schwanken zwischen einigen Tausend und Auflagen in Millionenhöhe (vgl. Weichler und Endrös 2005, 38). Das Merkmal der *Periodizität* trifft sowohl auf Publikums- als auch auf Kundenzeitschriften zu. Das periodische Erscheinen einer Kundenzeitschrift ist Voraussetzung dafür, dass eine Leser-Blatt-Bindung entstehen kann. Nach Müller (1998, 39) steigt diese mit der Erhöhung der Erscheinungshäufigkeit. In welcher Regelmäßigkeit Kundenzeitschriften erscheinen, variiert stark. Das *Tchibo-Magazin*[20] erscheint z. B. wöchentlich, die *DB mobil* hat zwölf Ausgaben pro Jahr, während das *BMW Magazin* in einem Vierteljahresrhythmus erscheint.

Zusammenfassend ist festzustellen, dass Kundenmagazine alle vier publizistischen Merkmale aufweisen – mal weniger, mal mehr ausgeprägt. So lässt sich eine eindeutige Abgrenzung zwischen Publikums- und Kundenzeitschriften nicht über die Betrachtung der publizistischen Merkmale vollziehen. Dennoch haben die Ausführungen gezeigt, dass es Unterschiede zwischen beiden Zeitschriftentypen gibt, die im Wesentlichen inhaltlicher und thematischer Natur sind.

## 2.4 Distribution und Refinanzierung

Der Vertrieb sowie die Finanzierung von Kundenzeitschriften sind zwei weitere wichtige Aspekte, die es zu erörtern gilt, um auch hier die Besonderheit der Kundenzeitschrift herauszustellen. So geht es in diesem Abschnitt vor-

[20] Das *Tchibo-Magazin* ist ein so genannter *Magalog*, eine Mischung aus Zeitschrift und Katalog; hier stehen wenige redaktionelle Beiträge vielen Produktvorstellungen gegenüber (vgl. Weichler und Endrös 2005, 222).

nehmlich um die Frage, welche Vertriebswege sich für Kundenmagazine anbieten und was für oder gegen die einzelnen Möglichkeiten spricht. Außerdem wird der Verkauf von Anzeigen als mögliche Erlösquelle betrachtet.

### 2.4.1 Wege zum Kunden

Für den Vertrieb von Kundenmagazinen stehen mehrere Wege zur Verfügung: Als erstes ist die Auslage am Point of Sale (POS) zu nennen, die für knapp 30 Prozent der Kundenzeitschriften genutzt wird (vgl. Küppers 2003, 49). Diese Distributionsart führt zur Omnipräsenz der Kundenzeitschrift: in unzähligen Geschäften liegt das jeweilige Kundenmagazin aus, kostenlos zu Mitnahme bereit und ist für jedermann – Kunde oder Nicht-Kunde – zugänglich (vgl. ebd., 50). Beispiele hierfür sind das *Tchibo-Magazin*, die *Apotheken Umschau* oder die Kundenzeitschriften der Drogerieketten.

Eine zweiter möglicher Vertriebsweg ist der Direktversand. Nach Angaben von Weichler und Endrös (2005, 45) gelangen gut drei Viertel aller Kundenzeitschriften auf diesem Wege zu den Kunden. Die Deutsche Post, als größter deutscher Dienstleister für den Direktversand, bestätigt diese Zahlen.[21] Die dominierende Vertriebsart *Postweg* bietet, nach Angaben der Deutschen Post, wesentliche Vorteile (vgl. Lücke 2005, 117):

- der Kunde wird zu Hause in behaglicher Atmosphäre erreicht,
- die Streuverluste sind gering (vorausgesetzt, die Adressdatenbank ist gut gepflegt),
- das Unternehmen dokumentiert auf diese Weise, dass ihm viel am Kontakt mit dem Kunden liegt.

[21] Nach Angaben der Deutschen Post werden 76 Prozent der B2c-Magazine per Postvertrieb zugestellt, 24 Prozent werden über den POS vertrieben. Im B2b-Bereich sind es sogar 87 Prozent der Magazine, die über den Postweg zu ihren Lesern gelangen (vgl. Lücke 2005, 116).

| Formale Voraussetzungen | Inhaltliche Voraussetzungen |
|---|---|
| • min. Erscheinen quartalsweise<br>• kontinuierliche innere und äußere Gestaltung<br>• Mindestformat 90 × 140 mm<br>• Titelseite: Titel, Heft-Nr. | • Herausgabezweck darf geschäftlich sein<br>• Inhalte müssen der Unterhaltung und Information dienen<br>• ausgeschlossen sind Kataloge, Prospekte, Werbepost |

**Abb. 2.2:** Kriterien für das Produkt *Pressesendung* der Deutschen Post

*Quelle:* Lücke (2005, 117) – Auszug

Die Deutsche Post hat speziell für Kunden- sowie Mitarbeitermedien das Produkt *Pressesendung* entwickelt. Die Vorteile der Pressesendung liegen einerseits in der garantierten Briefgeschwindigkeit, der Zustellung innerhalb von zwei Tagen; anderseits ist diese Sendungsart kostengünstiger als das Produkt *Infopost* (vgl. ebd.). Abbildung 2.2 zeigt Kriterien, die die Deutsche Post an den Versand eines Kundenmagazins als *Pressesendung* stellt.

Auch Hunt und Grunig (1994, 246) heben die Exklusivität des persönlich adressierten Versands hervor: „Often, the magazine is mailed in an envelope or brown paper sleeve, rather than having gummed mailing sticker affixed. Again, the special treatment is part of the prestige factor of the magazine.“

Ein dritter, bisher wenig genutzter Vertriebsweg ist der Presseeinzelhandel (vgl. Müller 1998, 23). Trotzdem sind heutzutage diverse Kundenzeitschriften, z. B. auch einige Automobil-Kundenmagazine, in ausgewählten Presseverkaufsstellen erhältlich. Das liegt vorwiegend an ihrer professionellen Aufmachung und damit in ihrer Konkurrenzfähigkeit zu Publikumszeitschriften.

Heijnk (1998, 10) spricht in diesem Zusammenhang von der „Kioskfähigkeit“ der Kundenzeitschrift.

Nach Meinung von Röttger (2001, 7) gibt es einen weiteren herausragenden Grund für den Kioskverkauf von Kundentiteln: den dadurch erzielten Image- und Glaubwürdigkeitsgewinn. Ein solcher Gewinn besteht einerseits in der gefühlten Wertschätzung der Kunden, die das Magazin weiterhin kostenlos erhalten. Anderseits profitieren Kundenzeitschriften im Presseeinzelhandel von der dem Journalismus zugeschriebenen Glaubwürdigkeit, wenn sie gemeinsam mit anderen Pressetiteln im Regal liegen.

Eine weitere Vertriebsform ist das Abonnement. Anders als beim Direktversand, über den Kunden des Unternehmens das Magazin unentgeltlich ins Haus bekommen, besteht für einige Kundenzeitschriften die Möglichkeit, diese zu abonnieren. In der Literatur bleibt dieser Vertriebsweg unerwähnt. So beinhaltet z. B. die Kundenzeitschrift der Deutschen Bahn *mobil* in jeder Ausgabe eine Abonnement-Bestellkarte: Das Jahresabonnement umfasst 12 Ausgaben und kostet 25 € (vgl. beispielsweise *DB mobil* Ausgabe 3/06, Seite 41).

Mit den beiden letztgenannten Vertriebsformen haben herausgebende Unternehmen die Möglichkeit, Vertriebserlöse zu erzielen und somit zumindest einen Teil der Herstellungs-, Produktions- und Redaktionskosten zu decken.

### 2.4.2 Refinanzierungsmöglichkeiten

Der vorherige Abschnitt hat gezeigt, dass Vertriebserlöse durch den Verkauf von Heften im Presseeinzelhandel sowie im Abonnement im Rahmen der Refinanzierung von Kundenzeitschriften nur bei einzelnen, qualitativ hochwertigen Titeln eine Rolle spielen. Wie verhält es sich nun mit den Anzeigenerlösen? Eignet sich die Kundenzeitschrift als Werbeträger?

Die Diskussion um Fremdanzeigen in Kundenzeitschriften wird von zwei polarisierenden Argumenten bestimmt: Einerseits wird argumentiert, zu viele Fremdanzeigen störten den eigentlichen Charakter des Magazins nachhaltig, weil der Bezug zum Herausgeber schwände. Anderseits gehöre Werbung mittlerweile zu unserem Kommunikationsalltag, und folglich steigere eine gewisse Anzahl von Anzeigen die Authentizität sowie die Glaubwürdigkeit der Kundenzeitschrift als ein professionelles Printmedium (vgl. Müller 1998, 101). Dass erst ein Mix aus Redaktion und Anzeigen der Kundenzeitschrift einen überzeugenden Magazincharakter verleiht, befürworten auch CPler aus der Praxis (vgl. Bücker 2005, 82).[22]

Offen bleibt: Kundenzeitschriften als Werbeträger – passt das? Eine Lösung des Dilemmas scheint nicht in Sicht. Praktiker tendieren vielmehr dazu, von Einzelfall zu Einzelfall zu entscheiden, ob Fremdanzeigen in das Heftkonzept passen oder nicht (vgl. Spitzer-Ewersmann 2006, 5 ff.).

Daneben tritt ein weiteres zentrales Problem zu Tage: Die Anzeigenakquise erweist sich im Kundenzeitschriftenmarkt als schweres Geschäft: Anders als für die Segmente der Publikums- und Fachzeitschriften sowie der Tages- und Wochenzeitungen fehlen für das Segment der Kundenzeitschriften Grundlagenstudien, vor allem zur ihrer Nutzung und Wirkung (vgl. Weichler und Endrös 2005, 56). Fösken (2004, 108) bemerkt hierzu, dass beispielsweise Mediadaten nach der Media-Analyse der ag.ma[23] fehlten. Zudem werde nur ein kleiner Prozentsatz der mehr als 3 500 Kundenmagazine in Deutschland von der Auflagenkontrolle durch die IVW erfasst.[24] Auch Bücker (2005, 82) konstatiert, dass Kundenmagazine zwar z. T. über hohe Auflagen, attraktive Zielgruppen und professionelle Redaktionen verfügten, aber dennoch von Werbungtreibenden wenig beachtet würden. Bei der Vielzahl der im Markt

---

[22] Die Inhaltsanalyse wird auch Anzeigen (Fremd- und Eigenanzeigen) berücksichtigen (vgl. hierzu auch Abschnitt 4.7).

[23] Die Arbeitsgemeinschaft Media-Analyse e. V. – kurz ag.ma – erhebt seit 1954 Daten zum Mediennutzungsverhalten in Deutschland. Die Daten dienen dazu, der werbungtreibenden Wirtschaft jeweils aktuelle Reichweitendaten sowie Werbekontaktzahlen zu einzelnen Medien bereitzustellen (vgl. Vogel 1998, 80).

[24] Im ersten Quartal 2006 waren es 73 gemeldete Titel (vgl. Abschnitt 2.2).

befindlichen Kundenzeitschriften gibt es dennoch Ausnahmen, also Titel, die als Werbeträger attraktiv sind und diese Attraktivität auch nutzen.

Zusammenfassend ist zu sagen, dass es dem Segment der Kundenzeitschriften bis heute an validen und allgemeingültigen Daten zur Wirkung, Nutzung und Reichweite fehlt. Das Nicht-Vorhanden-Sein von Nutzungs- und Wirkungsdaten erschwert die Akquise für Fremdanzeigen; es fehlt der Nachweis für die Werbewirksamkeit der Magazine. Die Auflagenzahl ist, gemeinsam mit der Reichweite und demografischen Daten zur Leserschaft, ein wichtiger Indikator für die werbungtreibende Wirtschaft.

## 2.5 Kundenzeitschriften und Corporate Publishing

An dieser Stelle soll der noch relativ junge Bereich des Corporate Publishing näher betrachtet werden. Die Kundenzeitschrift ist nur eines von vielen Medien, die zum Bereich des Corporate Publishing gehören. Ihre zentrale Stellung sowie ihre Bedeutung im Instrumentenmix der Unternehmenskommunikation ist mittlerweile unbestritten (vgl. Mast u. a. 2005, 154). Doch auch andere Medien haben spezifische Stärken, die, je nach Einsatz, spezielle Funktionen in der Unternehmenskommunikation übernehmen.

### 2.5.1 Was ist Corporate Publishing?

Grundsätzlich ist festzustellen, dass CP ein „medienübergreifender Gattungsbegriff“ ist: er umfasst spezielle Kommunikationskanäle, die von Unternehmen gestaltet und kontrolliert werden. Dazu gehören z. B. Instrumente wie Kunden- und Mitarbeiterzeitschriften, Newsletter, Geschäfts- und Umweltberichte, neuerdings auch Corporate Books (vgl. ebd., 180 und 204). Außerdem kennzeichnet Corporate Publishing die „professionelle, bezugsgruppenorientierte Gestaltung sämtlicher Unternehmensmedien nach journalistischen Grundsätzen“ (ebd., 204).

Dass die CP-Branche noch relativ jung ist, zeigt auch das Gründungsdatum des Forum Corporate Publishing: zu der Interessengemeinschaft schlossen sich im Mai 1999 14 führende Mediendienstleister der Schweiz, Österreichs und Deutschlands zusammen. Mittlerweile zählt es mehr als 60 Mitglieder (vgl. FCP 2006c). Das FCP versteht sich als Marketing- und Dienstleistungsplattform für professionelle CP-Dienstleister und hat zum Ziel, das Image dieser Branche zu steigern und die wachsende Bedeutung des Content-Sektors zu kommunizieren (vgl. FCP 2006d).

Wie viele CP-Dienstleister es derzeit gibt, ist nicht zu beziffern. Die wichtigsten und größten sind im FCP organisiert. Aber auch zahlreiche kleinere und größere Werbeagenturen, Pressebüros sowie Verlage bieten Dienstleistungen an, die unter dem Begriff CP zu fassen sind (vgl. Spitzer-Ewersmann 2006, 4).

### 2.5.2 Corporate Publishing-Markt: Trends und Perspektiven

Der strategische Bedeutungszuwachs der Unternehmenskommunikation umfasst auch den Bereich der Unternehmenspublizistik, den Bereich Corporate Publishing. Corporate Publisher haben heute die zentrale Aufgabe, Markenwelten entstehen zu lassen, indem Werte und Markenversprechen, Identifikationsbilder und Botschaften mittels Geschichten, Portraits und Fotostrecken zum Kunden transportiert werden (vgl. Rolke 2005, 124).

Zwei herausragende Trends sind im CP-Bereich zu erkennen: *Internationalisierung* und *Individualisierung*. Für Kundenzeitschriften bedeutet Internationalisierung, den Spagat zwischen einem weltweit einheitlichen Markenauftritt bei gleichzeitiger Beachtung landes- und kulturspezifischer Gegebenheiten zu realisieren. Sowohl das BMW Magazin als auch das Mercedesmagazin sind beispielhaft für diesen Trend.[25]

Die Individualisierungstendenzen der Gesellschaft machen auch vor dem Corporate Publishing keinen Halt. Zum einen bezieht sich dieser Trend auch auf die Internationalisierung, das heißt, nationale, an den jeweiligen Kulturkreis angepasste Ausgaben sind erforderlich. Zum anderen meint es die gezielte, ganz individuelle Ansprache von Bezugsgruppen. Cepy[26] bringt es auf den Punkt: „Nicht mehr eine Kundenzeitschrift für alle ist gefragt, sondern für jeden Kunden eine eigene Zeitschrift."

Die oberste Maxime ist also die inhaltliche und optische Ausrichtung nach den Wünschen und Bedürfnissen der Rezipienten. Als Paradebeispiel sei hier die Bleibgesund-Titelfamilie der AOK genannt, die acht Kundenzeitschriften-Titel umfasst. Unter dem Motto „Personalisierte Magazine für alle Lebensphasen" (WDV 2006) werden hier gezielt verschiedene Altersgruppen mit ihren jeweiligen Bedürfnissen und Interessen angesprochen.[27]

Als ein weiteres Beispiel für die Individualisierung ist das Anfang 2006 gelaunchte Magazin *Women's World*, das „Kundinnenmagazin" (Pütter 2006, 26) der Lufthansa für weibliche Vielfliegerinnen, anzuführen. Ob sich solche Pionierideen, die in der Differenz von männlichen und weiblichen Interessen begründet sind, auf dem Markt durchsetzen werden, wird sich zeigen (vgl. ebd., 26 f.).

---

[25] Siehe Abschnitt 5.2.2.

[26] Prof. Dr. Michael H. Ceyp, Fachhochschule Wedel, im Interview mit Hermes (2003, 30).

[27] Die Bleibgesund-Titelfamilie umfasst folgende acht Magazine mit der jeweiligen Zielgruppe: *jojo* (8-12 Jahre, Schüler), *Jo* (13-17 Jahre, Schüler), *vigo Jobfit* (18-24 Jahre, berufstätig), *vigo Unilife* (18-24 Jahre, studierend), *AOK-c@re* (25-35 Jahre, berufstätig), *vigo Bleibgesund* (18+ Jahre, berufstätig), *Bleibgesund Life* (25+ Jahre, berufstätig), *Bleibgesund Plus* (ca. 60+ Jahre, Ruhestand). Die AOK-Titel werden von der WDV-Gruppe, dem größten CP-Dienstleister in Deutschland, betreut (vgl. WDV 2006).

Eine innovative Form der Kundenzeitschrift sind die so genannten *Kuckuckseier*: hierbei „schlüpfen CP-Produkte unter das Dach prominenter Printobjekte" (Hoffmann 2005, 12). Hoffmann führt als Beispiel das von BurdaYukom herausgegebene Magazin *Bunte Gesundheit*[28] an, das in Zusammenarbeit mit dem Pharmahersteller Hexal produziert wird (vgl. ebd.).

Ein Blick in die Zukunft der CP-Tools zeigt: Der Kunde entscheidet, welches Medium und welche Information er für sich nutzt. Ob PodCasting, E-Journals oder Bloggings, viele Kanäle sind in der Erprobungsphase und müssen erst noch ihre Nutzer finden (vgl. Hasenbeck 2006, 38).

## 2.6 Zusammenfassung

Die Kundenzeitschrift hat eine lange Tradition; dieses Kapitel hat ihre Entstehung, ihre Entwicklung und ihre Aufs und Abs dokumentiert. Mittlerweile ist sie zu einem integralen Bestandteil der Unternehmenskommunikation geworden und aus unserem Alltag nicht mehr wegzudenken.

Auch neben diversen neuen Medien und zukunftsweisenden Trends im CP-Bereich behauptet sie ihre Stellung im Kommunikationsmix der Unternehmen. Trotz ihrer Beliebtheit sowohl bei Unternehmen als auch bei Lesern fehlen bislang fundierte wissenschaftliche Forschungsarbeiten. Aber nicht nur die Kundenzeitschrift als traditionelles Unternehmensmedium weist dieses Forschungsdefizit auf; vielmehr ist für die gesamte CP-Branche zu konstatieren: valide Daten und wissenschaftliche Auseinandersetzungen sind Mangelware.

---

[28] *Bunte Gesundheit* ist nicht im Zeitschriftenhandel erhältlich, sondern wird ausschließlich an Arztpraxen verteilt (vgl. Fösken 2006, 72 f.).

# 3 Kundenzeitschriften und Unternehmenskommunikation

Dieses Kapitel beschäftigt sich mit der Kundenzeitschrift als ein Instrument der externen Unternehmenskommunikation. Einleitend wird der Wandel im Markt und die damit einhergehende Umorientierung der Unternehmen hinsichtlich ihrer kommunikativen Maßnahmen umrissen. Im zweiten Abschnitt erfolgt die Einordnung der Kundenzeitschrift in die Unternehmenskommunikation. Dabei wird auch der Frage nachgegangen, warum sich Unternehmen Kundenzeitschriften leisten und was deren Leistungspotenziale sind. Letzteres wird ebenfalls in Kapitel 4 genauer untersucht.

## 3.1 Unternehmenskommunikation heute

Unternehmen stehen heutzutage neuen Herausforderungen gegenüber, die im besonderen Maße auch ihre kommunikativen Aktivitäten betreffen. Die Gründe hierfür sind vielfältig und werden, zur Veranschaulichung der Situation, kurz dargelegt.

Neben dem zunehmenden internationalen Wettbewerbsdruck durch Liberalisierung der Märkte spielt die rasante informationstechnische Entwicklung eine entscheidende Rolle für die Anforderungen an die Kommunikation eines Unternehmens. So erschweren vor allem gesättigte Märkte und die steigende Zahl substituierbarer Produkte die Profilierung und Abgrenzung von Unternehmen gegenüber dem Wettbewerb. Aufgrund dessen verlieren klassische

Werbeformen an Bedeutung und werden durch effektivere Kommunikationsformen ersetzt (vgl. Zerfaß 2004, 14). Hinzu kommt der umfassende Wandel der Medienlandschaft in den letzten 30 Jahren, der neue Rahmenbedingungen geschaffen hat. Dazu gehören die Liberalisierung des Rundfunks, die Ausdifferenzierung des Printmedienmarktes sowie das Aufkommen und die rasche Verbreitung des Internets (vgl. Szyszka 2005a, 178).

Mast u. a. (2005, 1) sprechen von einem „Kampf der Aufmerksamkeit", den Unternehmen mittlerweile um Kunden und andere Teilöffentlichkeiten führen. Auslöser dafür ist der Wandel vom Verkäufer- zum Käufermarkt, das Angebot übersteigt die Nachfrage. Verbraucher nehmen eine neue, dominante Rolle im Markt ein; insbesondere neue Medien schaffen Transparenz und ermöglichen den Verbrauchern, sich umfassend über Unternehmen, deren Produkte und Dienstleistungen zu informieren (vgl. ebd., 9 f.).

Trotz zahlreicher dialogorientierter und interaktiver Kommunikationskanäle, über die heute Marktteilnehmer und andere Anspruchsgruppen erreicht werden, existiert die Kundenzeitschrift immer noch. Dank ihres Facettenreichtums, der ihren Erfolg ausmacht, erfüllt sie in der externen Unternehmenskommunikation vielfältige Aufgaben.[29]

## 3.2 Kundenzeitschriften in der Unternehmenskommunikation

### 3.2.1 Begriff der Unternehmenskommunikation

Unzählige Publikationen und Beiträge liegen zum Thema *Unternehmenskommunikation* vor. Ebenso zahlreich sind Definitionsansätze und Begriffsbestimmungen, die uneinheitlich und z. T. nur sehr vage in ihrer Aussagekraft sind (vgl. Derieth 1995, 20 f.).

[29] Hierzu mehr in Kapitel 4.

In dieser Studie wird der Definition Zerfaß' gefolgt, die sich durch eine Vernetzung kommunikations-, sozialwissenschaftlicher sowie wirtschaftswissenschaftlicher Betrachtungsweisen auszeichnet (vgl. Mast 2002, 9). Diese multiperspektivische Sichtweise auf die Unternehmenskommunikation ist deshalb für die vorliegende Studie interessant, da Kundenzeitschriften und besonders ihre Inhalte zwischen den publizistischen Formen Journalismus und Öffentlichkeitsarbeit stehen. Somit erfordert eine Auseinandersetzung mit der Kundenzeitschrift ebenfalls eine multiperspektivische Herangehensweise.

Unter dem Begriff *Unternehmenskommunikation* versteht Zerfaß (2004, 287)

> „alle kommunikativen Handlungen von Organisationsmitgliedern, mit denen ein Beitrag zur Aufgabendefinition und -erfüllung in gewinnorientierten Wirtschaftseinheiten geleistet wird."

Dabei unterscheidet er (vgl. ebd.) zwischen kommunikativen Handlungen

1. im Organisationsumfeld
2. im Markt
3. im gesellschaftspolitischen Umfeld.

Die kommunikativen Handlungen im Organisationsumfeld bezeichnet Zerfaß auch als *Interne Kommunikation* oder *Mitarbeiterkommunikation.* Die Kommunikation im Markt sowie im gesellschaftspolitischen Umfeld fasst Zerfaß zur *externen Unternehmenskommunikation* zusammen (vgl. ebd.). Der Gesamtkomplex *Unternehmenskommunikation* besteht also aus den Bereichen *interne* und *externe Unternehmenskommunikation.*

Für den erst genannten Bereich gibt es zahlreiche Kommunikationsinstrumente wie beispielsweise die Mitarbeiterzeitschrift, das Intranet, Business TV oder das Schwarze Brett (vgl. Mast 2002, 254 f.).

Nach Zerfaß (2004, 297) umfasst der zweite Bereich – die externe Unternehmenskommunikation – „die Handlungsfelder von Ökonomie und Gesellschaft“ und unterteilt sich damit einerseits in die *Marktkommunikation* und anderseits in die Kommunikation mit dem gesellschaftspolitischen Umfeld – die *Public Relations*. Die Marktkommunikation betrifft „alle kommunikativen Handlungen von Organisationsmitgliedern, mit denen Transaktions- und Wettbewerbsbeziehungen gestaltet werden“ (ebd., 298), während Public Relations alle „nichtökonomischen Handlungsfelder und Öffentlichkeiten“ (ebd., 301) umfassen.

Die Marktkommunikation verfolgt das Auslösen vertraglicher Anschlusshandlungen durch persuasive Kommunikation (vgl. ebd., 299). Es geht also darum, Interessenten zu Kaufhandlungen zu veranlassen. Zerfaß (ebd.) nennt hierfür zwei mögliche Wege: Zum einen, indem Unternehmen *unmittelbar* Einfluss ausüben durch beispielsweise Verkaufsförderungsmaßnahmen, Anzeigen und Direct-Mails oder über das persönliche Verkaufsgespräch. Zum anderen kann diese Kommunikation *indirekt* vollzogen werden: Zerfaß nennt diese Art der indirekten Einflussnahme „Imagewerbung“ (ebd.). Hier wird versucht, mit indirekten kommunikativen Mitteln den Aufbau eines positiven Produkt- und Unternehmensimages zu fördern. Dies kann z. B. eine Kundenzeitschrift leisten.[30]

Im Gegensatz zur Marktkommunikation, die auf das Auslösen anschlussfähiger Handlungen seitens ihrer Rezipienten abzielt, sollen Public Relations „die Sicherung prinzipieller Handlungsspielräume und die Legitimation konkreter Strategien“ (ebd., 302) gewährleisten. Zudem haben Public Relations die Aufgabe, über kommunikative Aktivitäten das Vertrauen und die Glaubwürdigkeit der Interessen- und Anspruchsgruppen in das Unternehmen zu stärken, sowie Akzeptanz und Verständnis für das unternehmerische Han-

[30] Zerfaß (2004, 299) führt als Beispiel für ein solches kommunikatives Mittel das Kundenmagazin *Future* der Firma Hoechst an.

deln zu sichern (vgl. ebd.). Mast (2002, 18) ergänzt, dass Public Relations „für das Unternehmen als Institution eine Atmosphäre des Vertrauens und Verständnisses“ schaffen sollen. Ähnlich formuliert Derieth (1995, 53) die Funktionen von PR: Sie versuchen „durch Informations- und Kommunikationsprozesse mit Teilöffentlichkeiten ein spezifisches und positives Bild des Unternehmens zu vermitteln“. Ein weiteres Ziel der Öffentlichkeitsarbeit ist die „Änderung, Verstärkung und Festigung der Vorstellungsbilder (Images) bestimmter Öffentlichkeiten von Unternehmen“ (ebd.).

### 3.2.2 Das Konzept der Integrierten Kommunikation

Die drei Bereiche der Unternehmenskommunikation *Mitarbeiterkommunikation*, *Marktkommunikation* und *Public Relations* haben klar definierte Aufgaben. Trotz dieser speziellen Funktionszuweisungen wird ein übergeordnetes Unternehmensziel angestrebt, das, gemeinsam mit der Unternehmensstrategie, als Referenzpunkt für die gesamte Maßnahmenplanung gilt (vgl. Zerfaß 2004, 290; Bruhn 2005, 90 f.). Aus diesem Grund spricht sich Zerfaß (2004, 290) für eine integrierte Kommunikationspolitik aus.

Das Konzept der Integrierten Kommunikation ist nicht neu, sondern wird seit mehr als zwei Jahrzehnten propagiert und ist seitdem zentrales Thema in Wissenschaft und Wirtschaft. Dennoch erfordert die zunehmende Zahl der Kommunikationsinstrumente sowie die wachsende Medienvielfalt im Allgemeinen und die damit einhergehende Informationsüberlastung der Rezipienten (vgl. hierzu auch Abschnitt 3.1) eine erneute Auseinandersetzung mit diesem Konzept in Theorie und Praxis (vgl. Szyszka 2005a, 177; Bruhn 2000, 5).

Wie schon zum Begriff der Unternehmenskommunikation[31] liegen auch zur Integrierten Kommunikation verschiedene Definitionen vor. Nach Szyszka (2005a, 177) ist die Definition von Bruhn die im deutschsprachigen Raum

[31] Zum Begriff der Unternehmenskommunikation vergleiche Abschnitt 3.2.1.

verbreitetste. Bruhn (2005, 84) beschreibt Integrierte Kommunikation als einen

> „Prozess der Analyse, Planung, Organisation, Durchführung und Kontrolle, der darauf ausgerichtet ist, aus den differenzierten Quellen der internen und externen Kommunikation von Unternehmen eine Einheit herzustellen, um ein für die Zielgruppen der Kommunikation konsistentes Erscheinungsbild über das Unternehmen bzw. ein Bezugsobjekt des Unternehmens zu vermitteln."

Nach Bruhn besteht das Oberziel der Integrierten Kommunikation darin, ein ganzheitliches Erscheinungsbild des Unternehmens durch die Abstimmung sämtlicher Kommunikationsmaßnahmen aufeinander zu erreichen. Aus diesem Grund fordert Bruhn (2005, 90 f.) eine Harmonisierung der Kommunikationsaktivitäten auf drei Ebenen:

**Inhaltliche Integration** meint die Abstimmung aller Mitteilungshandlungen in thematischer Hinsicht; dies kann durch die Verwendung einheitlicher Leitmotive, von Kernbotschaften oder Schlüsselbildern passieren. Ziel ist der Aufbau einer eigenen Themen- und Wertelinie im Sinne eines Leitbildes.

**Formale Integration** bildet den äußeren Rahmen der inhaltlichen Ausrichtung und sorgt für einheitliche Gestaltungsprinzipien, die für alle Kommunikationsaktivitäten gelten. Konkrete Maßnahmen hierzu sind die Abstimmung von z. B. Schriftarten, Farben oder Logos. Die Forderung nach Einheitlichkeit hinsichtlich formaler Gestaltungsmerkmale ist bereits in den 80er Jahren unter dem Stichwort *Corporate Design* propagiert worden.

**Zeitliche Integration** umfasst die zeitliche Abstimmung der Kommunikationsinstrumente aufeinander. Der Einsatz der verschiedenen Instrumente ist kurz- bzw. mittelfristig zu planen und deren zeitliche Kontinuität sicherzustellen.

Auch die Kundenzeitschrift sollte entsprechend der Vorgaben Bruhns in die kommunikative Gesamtplanung eingepasst werden. Sie eignet sich besonders hinsichtlich der inhaltlichen und formalen Integration: Ihre journalistische Aufmachung bietet die Möglichkeit, latent Kernbotschaften und Schlüsselbilder zu transportieren; durch die Übernahme journalistischer Qualitäts- und Darstellungsmerkmale können in einer Kundenzeitschrift gezielt Werte und Themen platziert und so an ihre Leser vermittelt werden. Formal passt sich ein Kundenmagazin in die Corporate Design-Linie ein, indem Farben, Schriftarten und andere Gestaltungsformen des jeweiligen Unternehmens in ihr übernommen werden.

Um auch der dritten Vorgabe Bruhns, der zeitlichen Integration, zu entsprechen, muss ein kontinuierliches Erscheinen der Kundenzeitschrift sichergestellt sein. Auf diese Weise kann sich die Kundenzeitschrift als fester Bestandteil der Unternehmenskommunikation etablieren, und die unternehmerischen Handlungen, Werte und Botschaften (inhaltliche Integration) werden fortlaufend dokumentiert (vgl. Wahl 1989, 48).

### 3.2.3 Einordnung der Kundenzeitschrift in die Unternehmenskommunikation

Nachdem sowohl der Begriff der Unternehmenskommunikation als auch das Bruhnsche Konzept der Integrierten Kommunikation erörtert wurde, erfolgt nun die Einordnung der Kundenzeitschrift in die Unternehmenskommunikation.

Als erstes wird die formale/organisatorische Ebene betrachtet. Die Zugehörigkeit zu einer Organisationseinheit im Unternehmen hängt – in den meisten Fällen – von den angestrebten Herausgabezielen ab: Soll die Kundenzeitschrift unmittelbar der Absatzsteigerung und damit der Marktleistung des Unternehmens dienen, so ist sie ein Instrument des Marketings und wird in der Marketingabteilung verantwortet. Soll die Kundenzeitschrift hingegen primär Beiträge zur Imagegestaltung und Vertrauensbildung seitens der Leser gegenüber der Organisation leisten, liegt die Verantwortung häufig in der PR-Abteilung (vgl. Müller 1998, 30 f.). Müller hebt in diesem Zusammenhang die Multifunktionalität der Kundenzeitschrift hervor und unterstreicht, dass sie oftmals zur Erreichung verschiedenster Ziele zum Einsatz kommt und deshalb eine generelle Zuordnung zu einer Organisationseinheit innerhalb des Unternehmens nicht immer möglich ist.

Zweitens erfolgt die Einordnung der Kundenzeitschrift in das von Zerfaß beschriebene Modell der externen Unternehmenskommunikation. Diesbezüglich hat Abschnitt 3.2.1 gezeigt, dass Zerfaß Kundenmagazine in erster Linie der Marktkommunikation als einem der Bereiche der externen Unternehmenskommunikation zuordnet. Kundenzeitschriften wenden sich also primär an Personen, welche im Marktumfeld zu finden sind. Dazu zählen sowohl Endverbraucher als auch Lieferanten des jeweiligen Unternehmens.

Allerdings stellt Zerfaß auch fest, dass der Wandel der wirtschafts- und gesellschaftspolitischen Rahmenbedingungen sowie die Veränderungen der Medienlandschaft neue Anforderungen an die Unternehmenskommunikation mit sich bringen. So erweitert er die „operative PR-Routinearbeit“ auf Maßnahmen, „mit denen soziale Beziehungen aufgebaut und kommunikative [...] Strukturen begründet werden“ (Zerfaß 2004, 394).

Ein zentraler Punkt ist die Informationsüberlastung der Menschen: Im Kern geht es darum, die Aufmerksamkeit der verschiedenen Bezugsgruppen zu gewinnen. Wird nun die „Aufmerksamkeit zum Engpass“ (ebd., 395), so ist es Aufgabe der Unternehmenskommunikation, Maßnahmen zur Steigerung der Häufigkeit und Intensität der Kontakte mit den wichtigsten Zielgruppen zu erarbeiten. Als Beispiel für eine solche Maßnahme nennt Zerfaß „die Etablierung eigener journalistisch geprägter Massenmedien mit hoher Glaubwürdigkeit“ (ebd., 396). Somit können Kundenzeitschriften auch als PR-Instrumente eingesetzt werden (vgl. ebd., 415 f.).

Unter Hinzuziehung der Herausgabeziele und Funktionen sowie der inhaltlichen und gestalterischen Aspekte von Kundenzeitschriften soll ihre Stellung innerhalb der Unternehmenskommunikation weiter in den folgenden Abschnitten verdeutlicht werden.

## 3.3 Die Herausgabe einer Kundenzeitschrift

Kundenzeitschriften bilden nicht nur eine Synthese aus Journalismus und Public Relations. Vielmehr hat der vorangegangene Abschnitt gezeigt, dass sie sowohl im Rahmen des Marketings als auch im PR-Bereich Aufgaben wahrnehmen können. Die Vereinigung dieser Bereiche in einem Medium macht es als Forschungsgegenstand so interessant. Gleichzeitig erklärt dies, warum Kundenzeitschriften vielfältige Funktionen wahrnehmen können und für verschiedenste kommunikative Unternehmensziele zum Einsatz kommen. Dies kann sowohl über die inhaltliche als auch über die gestalterische Variation erreicht werden. Grundsätzlich ist die Frage nach den Gründen für die Herausgabe von Kundenmagazinen zu stellen. Zudem ist von Interesse, worin ihre spezifischen Erfolgspotenziale liegen.

### 3.3.1 Ziele und Funktionen von Kundenzeitschriften

Nach Auffassung von Steinmetz (2004, 22) kann ein Unternehmen mit der Herausgabe eines Kundenmagazins drei Ziele verfolgen:

1. Journalistische Ziele
2. Kommunikationsziele
3. Marketingziele

Zu den journalistischen Zielen gehören nach Steinmetz (ebd.) u. a. das eigenständige Konzept und Erscheinungsbild des Magazins, der Informations- und Nutzwert, den die Zeitschrift dem Leser bietet, sowie der Faktor Glaubwürdigkeit.[32]

Mit der Herausgabe einer Kundenzeitschrift können auch Kommunikationsziele angestrebt werden. Dazu gehören, neben der Kundenbindung[33] als oberstes Kommunikationsziel, Imageaufbau und -pflege. Schließlich umfassen die Marketingziele vor allem die Absatzsteigerung, die Neukundengewinnung, den Kundendialog sowie das Generieren von Kundendaten (vgl. Weichler und Endrös 2005, 166).

Nach Müller (1998, 61) besteht die Hauptfunktion des Kommunikationsinstruments Kundenzeitschrift darin, ein intendiertes Verhältnis zu einer bestimmten Empfängergruppe aufzubauen und zu pflegen. Darüber hinaus kann der Herausgeber die Bindung des Lesers an sein Kundenmagazin dafür nutzen, unternehmerische Aktivitäten im Markt und in der Gesellschaft zu kommunizieren und zu legitimieren. Das Primärziel, das mit der Herausgabe einer Kundenzeitschrift verfolgt wird, ist nach Mast u. a. (2005, 187 f.) ebenfalls die nachhaltige Kundenbindung. Alle anderen Ziele wie Imagebildung, -gestaltung und -pflege, Schaffung von Glaubwürdigkeit sowie Dialoginitiierung gelten als untergeordnet.

Vergleichbare Aufgaben schreiben auch Hunt und Grunig (1994, 244) den Firmen-Publikationen zu:

1. To present special information to a special audience
2. To positively reinforce cognitions and attitudes about the sponsoring organization.

---

[32] Zu den journalistischen Zielen mehr in Kapitel 4.

[33] Die Neugewinnung eines Kunden ist etwa zehnmal teurer als das Halten eines Kunden (vgl. Steinmetz 2004, 26).

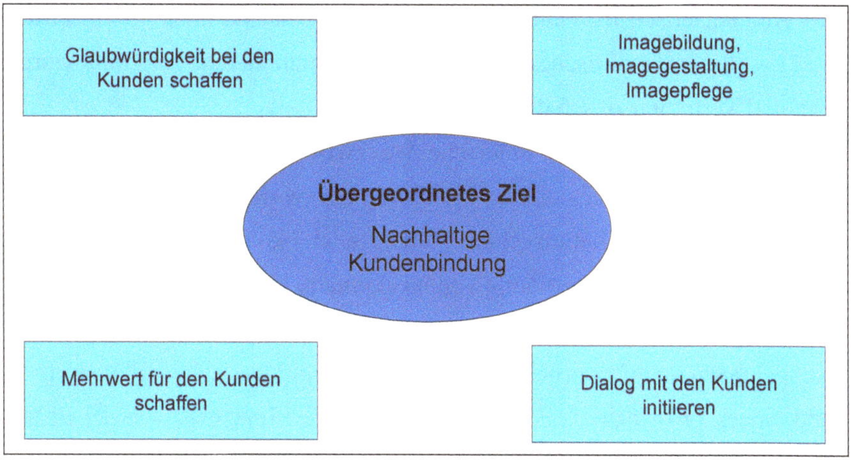


**Abb. 3.1:** Zielsetzung von Kundenzeitschriften

*Quelle:* Eigene Darstellung in Anlehnung an Mast u. a. (2005, 188)

Nach Meinung von Hunt und Grunig (ebd., 243) schätzen Unternehmen die Vorteile, die ihnen „publications modeled after the most successful public media, particularly newspapers and newsmagazines" bieten. Solche Medien nutzen Unternehmen, um ihren Kunden das Unternehmen, sein Handeln und seine Werte näherzubringen.

Für Röttger (2002, 109) ist die Kundenzeitschrift ein klassisches Instrument der Öffentlichkeitsarbeit. Als zentrale Funktion nennt sie den Aufbau und die Gestaltung stabiler Beziehungen zu Leistungsabnehmern und relevanten Teilöffentlichkeiten. Weitere Ziele bestehen darin, Informationen über die Unternehmung und ihre Leistungen zu bieten; auch Imagepflege und Kundenbindung sind Ziele der Kundenzeitschrift (vgl. ebd.). Unter dem Eindruck der sich verändernden Kommunikationsbedingungen können Kundenzeitschriften allerdings noch einiges mehr leisten: Abgrenzung und Profilierung gegenüber den Wettbewerbern sowie die Legitimation der unternehmerischen Tätigkeit gegenüber verschiedenen Anspruchsgruppen sind ihre wichtigen Zielfunktionen. Röttger sieht hier auch ein besonderes Leistungspotenzial der Kundenzeitschrift: Unternehmen können in ihr und über sie ihr umwelt- und gesellschaftspolitisches Engagement kommunizieren, um Glaubwürdigkeit und Vertrauen zu schaffen (vgl. ebd., 116).

Mast u. a. (2005, 186) unterscheiden zwischen ökonomischen und außerökonomischen Zielen. Ihrer Meinung nach verfolgen Unternehmen, die Kundenzeitschriften herausgeben, grundsätzlich ökonomische Ziele wie Verkaufsförderung und Gewinnung von Neukunden. Das Erreichen außerökonomischer Ziele ist gemäß Mast u. a. (ebd., 186 f.) vornehmlich den qualitativen Kundenmagazinen[34] vorbehalten: Sie gelten als klassische PR-Instrumente und dienen primär der Gestaltung und Pflege des Images sowie der Positionierung von Marken.

Wahl (1989, 40) sieht das Ziel von PR-Zeitschriften[35] zum einen in der Unterrichtung der Öffentlichkeit über Tätigkeiten und Leistungen des Unternehmens. Zum anderen sollen Kundenzeitschriften dazu beitragen, „ein positives Vorstellungsbild [vom Unternehmen, Anmerk. N. K.] in der Öffentlichkeit zu schaffen und zu erhalten“.

Zusammenfassend lässt sich sagen: Die Hauptfunktionen des Mediums Kundenzeitschrift lassen sich nicht eindeutig benennen. Es verfolgt zahlreiche Ziele und übernimmt vielfältige Funktionen innerhalb der Unternehmenskommunikation. Inhalt und Gestaltung eines Kundenmagazins sind in direktem Zusammenhang zu seinen Funktionen zu sehen: Aufmachung und Themenwahl richten sich nach den zugewiesenen Zielen.

---

[34] Zur Unterscheidung von quantitativen und qualitativen Kundenzeitschriften vergleiche Abschnitt 2.3.2.

[35] Wahl fasst – in Anlehnung an Kerlikowsky (1967) – unter PR-Zeitschriften Werk-, Haus-, Kunden- sowie Aktionärszeitschriften eines Unternehmens zusammen (vgl. Wahl 1989, 40).

### 3.3.2 Inhalt und Gestaltung

Bezüglich der inhaltlichen Konzeption von Kundenmagazinen gilt es, die Balance zwischen unternehmensbezogenen und nicht-unternehmensbezogenen Beiträgen zu halten. Andernfalls laufen Unternehmen Gefahr, entweder ein Magazin der „Hofberichterstattung“ oder eine Zeitschrift, die überhaupt keinen Bezug zum Herausgeber hat, zu machen (vgl. Pflaum und Linxweiler 1998, 141).[36]

Müller (1998, 80) unterscheidet fünf Inhaltsarten in Kundenzeitschriften:

**unternehmensbezogene Inhalte** u. a. Produkt- und Dienstleistungsthemen, Firmengeschichte, Mitarbeiter, Forschung und Entwicklung, Technologie

**kundenbezogene Inhalte** u. a. Kundenportraits und -meinungen

**marktbezogene Inhalte** u. a. Markttrends, Marktereignisse

**wettbewerbsneutrale Inhalte** u. a. Kultur, Reise, Wissenschaft, Sport, Gesundheit, Rätsel

**zeitschriftenbezogene Inhalte** u. a. Inhaltsverzeichnis, Impressum, Themenvorschau

Die Beispiele stellen nur einen Ausschnitt von möglichen Inhalten innerhalb der fünf Inhaltsarten dar. Müller verdeutlicht damit, welche Spannbreite an potentiellen Themen in einer Kundenzeitschrift verwirklicht werden kann.

Nun stellt sich die Frage nach der Präsentation der Inhalte: In welchem Umfeld werden Themen präsentiert und wie werden sie gestaltet? Oberstes

[36] Kundenmagazine aus dem B2b-Bereich erlauben natürlich eine ausführliche Thematisierung des Unternehmens, seiner Produkte, der Branche usw., da Geschäftskunden dies von einer Kundenzeitschrift erwarten und ausschließlich nach solchen Informationen verlangen. Unterhaltende Themen und Ratgeberseiten wird man hier – zu recht – vergebens suchen.

Ziel eines jeden herausgebenden Unternehmens ist, dass sein Kundenmagazin gelesen wird und nicht getreu der Devise *Was nichts kostet, taugt auch nichts* im Altpapier landet.

Die vorangegangenen Ausführungen haben verdeutlicht, dass die Kundenzeitschrift ein Instrument der Public Relations sein kann, wenn sie dies sein soll. Das Selbstverständnis der PR-Disziplin umfasst heute weit mehr als nur die Versorgung bestimmter Gruppen mit bestimmten Informationen. Eine zunehmende Emotionalisierung der PR ist auszumachen: „Nur solche Informationen, die die Emotionalität der intendierten Zielgruppen ansprechen, haben eine Chance, im immer stärker werdenden Wettbewerb um Aufmerksamkeit Gehör zu finden“ (Schuppener und Schuppener 2005, 198).

Auch Ott (2005, 84) unterstreicht den Faktor Emotionalität. Seiner Meinung nach sind professionell gemachte Kundenzeitschriften besonders dafür geeignet, „die Kundenbindung zu vertiefen, Image und Vertrauen aufzubauen sowie Kompetenz über das eigene Geschäftsfeld hinaus zu demonstrieren“. Voraussetzung dafür ist, dass das Magazin den Kunden inhaltlich und emotional wirklich erreicht.

Eine Kundenzeitschrift soll dem Leser in erster Linie Information bieten. Diese Information sollte so beschaffen sein, dass sie dem Leser einen persönlichen Vorteil bietet; das Stichwort heißt *Nutzwert*. Viele Autoren, so auch Ott (ebd., 81 f.), heben den konkreten Nutzen, den der Rezipient für sich persönlich aus dem Unternehmensmedium ziehen kann, als äußerst wichtig hervor. So ist beispielsweise die Nachfrage nach Ratgeberthemen in den letzten Jahren gestiegen. Die Präferenz der Leser für solche Themen kommt nicht von ungefähr: Die bereits beschriebenen Veränderungen der Markt- und Informationsbedingungen ermöglichen dem Kunden eine neue, dominante Stellung; er ist informierter und damit kritischer. Dennoch kann es passieren, dass er sich in der Informationsflut verliert. Er sucht nach Orientierung, nach fundierten, glaubwürdigen und praktischen Tipps und Hilfestellungen (vgl. ebd.).

Auch hier kann die Kundenzeitschrift – u. a. durch Übernahme journalistischer Elemente – ihre Potenziale entfalten.

Journalistische Prinzipien müssen sich in der Kundenzeitschrift wiederfinden, journalistische Anforderungen von ihr erfüllt werden, damit sie kompetent und glaubwürdig auf den Leser wirkt (vgl. Mast u. a. 2005, 189). Schönfärberei wirkt kontraproduktiv. Sie gefährdet die Glaubwürdigkeit des Kundenmagazins und damit das Image des Unternehmens. Schmitz (2004, 62) sagt dazu:

> „Die Kunst liegt darin, innerhalb der Themenumsetzung möglichst viel Nähe zu Unternehmen und Marke zu schaffen, ohne dabei die Namen zu nennen. In einem gut gemachten Kundenmagazintext leben Unternehmen und Marke *zwischen den Zeilen*."

## 3.4 Zusammenfassung

Im Gegensatz zur Mitarbeiterzeitschrift, die Angehörige des Unternehmens als Zielgruppe anvisiert, wendet sich die Kundenzeitschrift an externe Anspruchsgruppen des Unternehmens. Aufgrund ihrer Multifunktionalität und der flexiblen Gestaltungsmöglichkeiten – inhaltlich und optisch – kann die Kundenzeitschrift für vielfältige externe Kommunikationszwecke eingesetzt werden. Kapitel 3 hat deutlich gemacht, welchen veränderten Kommunikationsbedingungen Unternehmen sich heutzutage gegenübersehen und welche Rolle die Kundenzeitschrift hierbei übernehmen kann. Als Printmedium eignet sie sich auch für einen Einsatz innerhalb der Integrierten Kommunikation und lässt sich entsprechend der Linie des Unternehmens gestalten.

Kapitel 4 wird sich mit dem konstituierenden Wesensmerkmal der Kundenzeitschrift beschäftigen, ihrer publizistischen Stellung zwischen den Systemen Journalismus und Public Relations.

# 4 Kundenzeitschriften und Journalismus

Die Ausführungen der vorangegangenen Kapitel haben die Besonderheit der Kundenzeitschrift verdeutlicht: trotz großer Nähe zu Publikums- und Fachzeitschriften ist sie eben doch anders. Sie stellt eine Kombination aus Journalismus und Public Relations dar. Dieses Kapitel bringt das PR-Instrument Kundenzeitschrift mit dem System Journalismus zusammen.

Neben der Darstellung der Beziehung von Journalismus und Public Relations (Abschnitt 4.1) werden beide publizistischen Formen bezüglich ihrer Gemeinsamkeiten und Unterschiede betrachtet (Abschnitt 4.2), um schließlich die Besonderheit der Kundenzeitschrift als „ein Medium aus zwei Welten" (Müller 1998, 3) zu erörtern.

Die dann folgenden Abschnitte beschäftigen sich mit dem journalistischen Programm und anderen journalistischen Kriterien. Dabei wird auch der Frage nachgegangen, was redaktionelle Beiträge kennzeichnet und was sie – insbesondere in Kundenzeitschriften – leisten können: Warum gibt es redaktionelle Beiträge in Kundenmagazinen? Was unterscheidet sie von PR-Beiträgen? Und wie wirken Journalismus und Public Relations in der Kundenzeitschrift zusammen?

Den Abschluss dieses Kapitels bildet die Herleitung des Fragenkatalogs und die Entwicklung der Kategorien für die inhaltsanalytische Untersuchung.

## 4.1 Zum Verhältnis von Journalismus und Public Relations

In der Kundenzeitschrift vereinen sich Journalismus und Public Relations.[37] Aus diesem Grund wird hier das Verhältnis von Journalismus und Public Relations überblickartig thematisiert. Zahlreiche Studien und Erklärungsmodelle liegen zu diesem Thema vor; im Wesentlichen lassen sich nach Löffelholz (2004a, 473 ff.) aber drei Beschreibungsansätze identifizieren:

- Determinationsansatz
- Intereffikationsansatz
- Interpenetrationsansatz

Den Ausgangspunkt der Diskussion um das Verhältnis von Journalismus und Public Relations bildet der **Determinationsansatz**. Dieser Ansatz geht auf eine Studie von Barbara Baerns zurück, die 1981 veröffentlicht wurde und auf große Resonanz stieß.[38] Die Studie war auch Auslöser für weitere, unterschiedliche theoretische Erklärungen und Beschreibungen dieses Verhältnisses (vgl. ebd., 473).

Baerns kommt in ihrer Studie zu dem zentralen Ergebnis, dass Öffentlichkeitsarbeit Themen und Timing der Medienberichterstattung unter Kontrolle hat (vgl. Baerns 1991, 3). Danach tritt der Journalismus, der eine autonome Informationsleistung erbringen soll, hinter der Öffentlichkeitsarbeit als

[37] Vergleiche hierzu auch Abschnitt 1.1.

[38] Baerns untersuchte Ende der 70er Jahre am Beispiel der nordrhein-westfälischen Landespolitik den Einfluss der PR auf die journalistische Berichterstattung (vgl. Baerns 1991). Der Begriff *Determination* (synonym verwendet werden hierfür auch die Bezeichnungen *Determinierungs-* bzw. *Determinationshypothese*) stammt nicht von Baerns selbst. Ihre Befunde gingen allerdings unter diesen Stichworten in die Literatur ein (vgl. Röttger 2005, 350).

Selbstdarstellung zurück und nimmt nur wenig Einfluss auf das Informationsgeschehen (vgl. ebd., 100).

Weiterhin modelliert Baerns, so Löffelholz (2004a, 473), Journalismus und Public Relations als „miteinander konkurrierende Subsysteme“: Der Journalismus stellt ein Subsystem des Mediensystems dar, wohingegen die Öffentlichkeitsarbeit als Subsystem „jedes denkbaren anderen Systems außerhalb des Mediensystems“ (Baerns 1991, 16) gesehen werden kann. Baerns (ebd., 1) definiert beide Subsysteme über ihre Funktionen und Leistungen für die Gesellschaft: danach gilt Journalismus als „Fremddarstellung sowie als Funktion des Gesamtinteresses und des allgemeinen Wissens“; im Gegensatz dazu ist Öffentlichkeitsarbeit die „Selbstdarstellung partikularer Interessen und speziellen Wissens durch Information“.

Nach Röttger (2005, 351 f.) resultiert aus dem Determinationsansatz auch die vorherrschend normativ geprägte Sichtweise auf beide Systeme: Public Relations gelten als manipulierend und propagandistisch sowie als tendenziell gefährlich, während der Journalismus als gesellschaftlich wertvoll, ethisch hochwertig und zugleich selbstlos angesehen wird.

Bis in die 90er Jahre hinein wurde der Determinationsansatz und die damit einhergehende negative Sichtweise auf die Public Relations nicht kritisch hinterfragt: Aspekte wie beispielsweise die zunehmende „Orientierung des Journalismus an ökonomischen Kennziffern und Maximen“ (Altmeppen u. a. 2004, 9) wurden außer Acht gelassen.

Zahlreiche Kritikpunkte und Richtungswechsel in der Forschungsperspektive führten in den 90er Jahren schließlich zu einer Aufhebung der journalismuszentrierten Betrachtungsweise des Verhältnisses Journalismus – PR. Nicht mehr nur der Einfluss der PR auf den Journalismus wird betrachtet, sondern vielmehr die gegenseitigen Abhängigkeiten, Beeinflussungsmechanismen und Anpassungsleistungen, die die Beziehung prägen (vgl. ebd., 10).

So ist auch der von Bentele u. a. (1997) Mitte der 90er Jahre entwickelte **Intereffikationsansatz** in klarer Abgrenzung zum Determinationsansatz zu sehen: er überwindet u. a. die negative Sichtweise auf PR (vgl. Röttger 2005, 352).

Der Intereffikationsansatz unterstellt, dass zwischen den publizistischen Teilsystemen Journalismus und Public Relations eine komplexe Gesamtbeziehung besteht (vgl. Bentele u. a. 1997, 241). Gemäß diesem Ansatz übernimmt die Öffentlichkeitsarbeit den funktionalen Schwerpunkt der Themengenerierung, der Journalismus dagegen den der Weitervermittlung von Themen (vgl. Löffelholz 2004a, 475 f.). Anders ausgedrückt: der Öffentlichkeitsarbeit wird „Zuliefer- und Kommunikationsbereitschaft" zugeschrieben, dem Journalismus „Vermittlungsbereitschaft" (Dernbach 1998, 62).

Intereffikation meint also den gegenseitigen Einfluss, die gegenseitige Orientierung aneinander sowie die gegenseitige Abhängigkeit, die beide Systeme miteinander verbinden. Damit hebt sich der Intereffikationsansatz dezidiert vom Determinationsansatz ab: Während letzterer von Kausalbeziehungen ausgeht, d. h. von einem linearen Kommunikationsbegriff – „Kommunikation als Transmission" (Löffelholz 2004a, 474), fokussiert der Intereffikationsansatz explizit die Wechselwirkungen, die zwischen beiden Systemen bestehen (vgl. ebd., 476 f.).

Das dritte Beschreibungsmodell zur Beziehung von Journalismus und Öffentlichkeitsarbeit ist nach Löffelholz (ebd., 477 ff.) der **Interpenetrationsansatz**. Diesem Ansatz liegt die Annahme zugrunde, dass sowohl der Journalismus als auch die Öffentlichkeitsarbeit soziale Systeme darstellen, welche „operational geschlossen" (ebd., 478) sind. Diese operationale Geschlossenheit bedeutet, dass jedes System Ereignisse der Systemumwelt nach eigenen, systeminternen Regeln und Strukturen verarbeitet (vgl. ebd.). Übereinstimmend zum Intereffikationsansatz wird hier von *Wechselwirkungen* zwischen beiden Systemen ausgegangen. Allerdings stehen Wechselwirkungen in diesem Fall nicht für „die gegenseitige Beeinflussung durch aufeinander bezogenes Handeln, sondern für die strukturellen – d. h. systeminternen – Anpassungsprozesse sozialer Systeme an ihre Umwelt" (ebd., 480). Löffelholz (ebd.) bezeichnet dies als „Interpenetration“: Demnach stellen sich Journalismus und Public Relations ihre Strukturen wechselseitig zur Verfügung und können so gegenseitig Einfluss sowie Bezug aufeinander nehmen.

Westerbarkey (1995, 154 f.) versteht unter Interpenetration „die wechselseitige Durchdringung von Systemen mit fremden Leistungsanforderungen“. Seiner Meinung nach übernehmen Systeme Leistungen anderer Systeme, um die eigene Effizienz zu steigern. Als Beispiel für eine solche Leistungsübernahme führt Westerbarkey die Instrumentalisierung der Medien durch die Politik an: Durch Übernahme der medienspezifischen Arbeitsweisen wollen Parteien und andere politische Institutionen ihre Botschaften über die Medien unverändert publiziert wissen.

Die drei vorgestellten Ansätze repräsentieren die die Forschung bestimmende Betrachtungsweise des Verhältnisses von Journalismus und Public Relations: Grundannahme ist hier vorrangig, dass PR in den Journalismus wirkt bzw. dass beide Systeme von gegenseitigen Beeinflussungs- und Anpassungsmechanismen bestimmt oder zumindest geleitet werden. Dabei werden die Interdependenzen zwischen beiden Systemen hinsichtlich des Entstehens und Zustandekommens von publizistischen Aussagen beschrieben (vgl. Baerns 1991, 17). Es geht folglich um solche Aussagen, die von den Public Relations kommuniziert und über das System Journalismus verbreitet und damit einer breiten Öffentlichkeit zugänglich gemacht werden.

In der Kundenzeitschrift finden sich Elemente beider Systeme. Die drei vorgestellten Ansätze hingegen beschreiben das Zusammenwirken von Journalismus und Öffentlichkeitsarbeit bei der Entstehung journalistischer Aussagen. Somit können diese Ansätze nicht auf die Kundenzeitschrift übertragen werden. Stattdessen wird hier die Annahme vertreten, dass Kundenmagazine als PR-Instrumente fungieren, sich dabei sozusagen in ein journalistisches Gewand hüllen, den Journalismus nutzen, um bestimmte, eindeutig definierte Ziele zu erreichen. Die Kundenzeitschrift ist per se ein Instrument der Unternehmenskommunikation und dient der Selbstdarstellung von Unternehmen bzw. Branchen.

## 4.2 Zur Unterscheidung von Journalismus und Public Relations

Nachdem der erste Abschnitt des vierten Kapitels die Beziehung von Journalismus und Public Relations beleuchtet hat, widmet sich dieses Unterkapitel nun den Gemeinsamkeiten und Unterschieden, die zwischen beiden Systemen bestehen. Dies geschieht unter systemtheoretischer Perspektive, welche sich im Rahmen der Journalismusforschung sowie für die PR-Theoriebildung weitestgehend durchgesetzt hat (vgl. Wyss u. a. 2005, 303; Röttger 2005, 335). Die Betrachtung verfolgt dabei das Ziel, Journalismus und Public Relations in Hinblick auf die publizistische Sonderform *Kundenzeitschrift* zu beschreiben.[39]

### 4.2.1 Journalismus

Die Frage, was Journalismus ist und was er leistet, beschäftigt die Wissenschaft schon seit über 150 Jahren. Die Theoriebildung ist von komplexen und heterogenen sowie widersprüchlichen Debatten und Diskursen geprägt (vgl. Löffelholz 2004b, 60). Das systemtheoretische Erklärungsmodell bietet einen wesentlichen Vorteil gegenüber anderen Modellen: Es wird dem komplexen Gegenstand *Journalismus* gerecht, da es ihn als „Handlungszusammenhang" (Weischenberg 2004a, 41) begreift, der in soziale Prozesse integriert ist. Auf diese Weise wird der Journalismus in seiner Komplexität erfasst und die Ver-

---

[39] Auf eine umfassende Darstellung der Theorieentwürfe und Definitionen zu beiden Systemen wird hier verzichtet. Zum einen würde es den Rahmen dieser Studie sprengen und zum anderen wenig zu ihrem Erkenntnisgewinn beitragen.

netzung mit anderen Systemen berücksichtigt (vgl. ebd., 41 f.). Nach Auffassung von Kohring (2004, 190 f.) ermöglicht erst die systemtheoretische Sicht, Journalismus als ein „soziales (Funktions-)System der Gesellschaft" zu identifizieren und zu beschreiben.

Die Besonderheit dieser Betrachtungsweise ist, dass das System Journalismus eigene Strukturen entwickelt, die es von anderen Teilsystemen der Gesellschaft – beispielsweise Politik, Wirtschaft und Wissenschaft – unterscheidet. Außerdem agiert das System Journalismus relativ autonom, ist aber dennoch Umwelteinflüssen, also Einflüssen anderer Systeme ausgesetzt (vgl. Blöbaum 2004, 201 f.).

Ein erster Versuch, die Systemtheorie für die Journalismusforschung zu nutzen, erfolgte nach Meinung von Löffelholz (2004b, 46) Ende der 60er Jahre durch den Kommunikationswissenschaftler Manfred Rühl. Mit seiner Pionierarbeit *Die Zeitungsredaktion als organisiertes soziales System* (1969) hat Rühl die nachfolgende Entwicklung der Journalismusforschung nachhaltig geprägt; sie gilt sowohl als Orientierungspunkt als auch als Auslöser für weitere differenzierte, systemtheoretische Konzepte. So führten Rühls Überlegungen auch zur Überwindung der personen- und normenorientierten Perspektive von Journalismus, die das Wirken publizistischer Persönlichkeiten als Forschungs-Leitmotiv ansah (vgl. Blöbaum 2004, 202).[40] Rühls systemtheoretische Sichtweise auf den Journalismus entlarvt diesen stattdessen als ein „strukturiertes Sozialsystem der Weltgesellschaft" (Rühl 1992, 128), welches vielfältige Wechselbeziehungen zu seiner sozialen Umwelt unterhält.

Worin bestehen nun die Funktionen und Leistungen des Systems Journalismus? Gemäß Blöbaum (2004, 202) erbringt der Journalismus in der modernen Gesellschaft die zentrale Leistung der „Herstellung von Öffentlichkeit". Nach

---

[40] Beim so genannte *Praktizismus*, dessen bekanntester Vertreter der Zeitungswissenschaftler Emil Dovifat war, ist ein personenzentrierter Journalismusbegriff vorherrschend, der die Leistungen des Journalismus auf das Tun und Handeln Einzelner reduziert (vgl. Wyss u. a. 2005, 299).

Löffelholz (2004b, 27) wählt der Journalismus Themen aus, die als relevant und informativ gelten, bearbeitet und publiziert diese schließlich. Auch Kunczik und Zipfel (2005, 137) bezeichnen Recherche, Schreiben sowie Auswahl und Überarbeitung von Nachrichten als klassische journalistische Tätigkeiten. Zusammenfassend beschreibt Weischenberg (2004a, 42) die spezifische Tätigkeit des Journalismus damit, „aktuelle Themen aus den diversen sozialen Systemen (Umwelt) zu sammeln, auszuwählen, zu bearbeiten und dann diesen sozialen Systemen (Umwelt) als Medienangebote zur Verfügung zu stellen".

Der Deutsche Journalisten-Verband (DJV) sieht die öffentliche Aufgaben des Journalismus vor allem darin, Stellung zu beziehen, Kritik zu üben und an der Meinungsbildung mitzuwirken (vgl. Deutscher Journalisten-Verband 2006).

Laut Löffelholz (2004b, 26 f.) übernimmt der Journalismus zudem vor allem die Rolle des Beobachters in der Gesellschaft: danach klärt der Journalismus keineswegs nur auf, sondern beobachtet die Gesellschaft. Dazu bedient er sich bestimmter Organisationen wie Medien und Redaktionen und greift auf Handlungsprogramme, also Recherche- und Selektionskriterien sowie auf journalistische Darstellungsformen zurück.

Die Systemtheorie bietet eine weitere Besonderheit: Durch die Ausprägung systemeigener Struktur- und Arbeitsweisen determiniert sich das System Journalismus und grenzt sich auf diese Weise von anderen Systemen der Umwelt ab (vgl. Blöbaum 2004, 203). Dennoch bestehen Beziehungen und Interdependenzen zwischen dem Journalismus und anderen Systemen, die als *strukturelle Kopplungen* bezeichnet werden (vgl. ebd.).[41]

Das System Journalismus unterscheidet sich also von anderen Systemen auf funktionaler Ebene. Das heißt, es besitzt systeminterne Strukturen, nach

---

[41] Abschnitt 4.1 hat beispielsweise gezeigt, dass strukturelle Kopplungen zwischen den Systemen Journalismus und Public Relations bestehen.

denen die Akteure des Systems, die Journalisten, handeln und arbeiten. Rühl (1992, 128) spricht hier von „Sinnstrukturen", die eine Identifikation des Systems Journalismus in Abgrenzung zu anderen Systemen erlauben.

Die journalismusspezifischen Funktionen sowie seine sinngebenden, organisierenden Strukturen ermöglichen erst eine Unterscheidung des Systems Journalismus von anderen Systemen. Doch reicht eine solche Unterscheidungsebene aus? Scholl und Weischenberg (1998, 74 f.) bemerken hierzu, dass gerade auch die Public Relations eine Themengenerierungsfunktion übernehmen, welche gleichzeitig dem Journalismus zugesprochen wird. Die Autoren liefern selbst die Antwort, wenn sie betonen, dass nur solche Medieninhalte als journalistisch im engeren Sinne bezeichnet werden können, die an Neuigkeitswert, Faktizität, Unabhängigkeit und Relevanz gebunden sind (vgl. ebd., 75 ff.). Auch Weischenberg (2004a, 42) verweist in diesem Zusammenhang auf das „Aktualitätskriterium", dem sich der Journalismus verpflichtet fühlt. So sei das Kennzeichen der Themen, die der Journalismus bereitstelle, Aktualität. Dieser Zusatz ist erforderlich, um eine klare Differenzierung zu anderen Systemen – in diesem Fall besonders zu den Public Relations – vorzunehmen. Nach Meinung von Weischenberg (ebd., 46) erbringen Public Relations ebenfalls kommunikative Leistungen, allerdings unter Verzicht auf das Aktualitätskriterium.

### 4.2.2 Public Relations

Grundsätzlich ist festzustellen, dass einerseits das PR-Forschungsfeld durch Vielfalt und Heterogenität gekennzeichnet ist und dass anderseits immer noch ein Forschungsdefizit zu bemängeln ist (vgl. Röttger 2004, 8). Eine kommunikationswissenschaftlich theoretisch fundierte und empirische Auseinandersetzung erfahren die Public Relations nach Angaben von Jarren und Röttger (2005, 19) erst seit rund 20 Jahren.

Im Hinblick auf die Abgrenzung der Systeme Journalismus und Public Relations voneinander hebt Weischenberg (2004b, 209) hervor, dass die Analysen vorwiegend Ähnlichkeiten statt funktionale Unterschiede zwischen den Systemen herausgearbeitet hätten. So hat bereits der vorangegangene Abschnitt verdeutlicht, dass eine Unterscheidung auf funktionaler Ebene schwer fällt. Unzählige Definitionen von PR aus verschiedensten Perspektiven liegen vor, denn sowohl Praktiker als auch Wissenschaftler haben sich mit Public Relations beschäftigt. Außerdem tragen unterschiedliche, wissenschaftliche Sichtweisen dazu bei, dass das Verständnis von PR stark variiert. Röttger (2000, 25) identifiziert dennoch drei zentrale Strömungen der PR-Theoriebildung:[42]

- gesellschaftsorientierte Ansätze
- organisationstheoretische Ansätze
- marketingorientierte Ansätze

Kennzeichen der **gesellschaftsorientierten Ansätze** ist die enge Verbindung von PR und demokratischer Gesellschaftsordnung. Als bekannteste Vertreter dieses Ansatzes gelten Ronneberger und Rühl (1992). Sie begreifen PR als Teilsystem des gesellschaftlichen Funktionssystems Publizistik; die Funktionen von PR gelten als primär gesellschaftlicher Natur (vgl. Röttger 2005, 338). Weiterhin stieß das Modell der *Verständigungsorientierten Öffentlichkeitsarbeit* von Burkart (1993) auf große Resonanz. Sein Ansatz erklärt, „wie elementare Interessenkonflikte zwischen Organisationen und ihren relevanten Teilöffentlichkeiten auf der Basis von Verständigung gelöst werden können" (Röttger 2000, 37).

Die Funktion von PR sehen die **organisationstheoretischen Ansätze** primär in Aufgabenerfüllungen für die Organisation. Bei diesen Ansätzen han-

[42] Zum besseren Verständnis und der Vollständigkeit halber werden die drei Ansätze hier kurz angerissen.

delt es sich um interdisziplinäre Perspektiven, die also auf Wissen verschiedener Disziplinen zurückgreifen (vgl. Jarren und Röttger 2005, 25 f.). Eine richtungsweisende Arbeit auf diesem Gebiet stammt von Grunig und Hunt (1984), die die *Vier Modelle der Public Relations*[43] entwickelten.

Die **marketingorientierten Ansätze** ähneln den organisationstheoretischen Entwürfen. So sehen auch sie die Funktionen und Leistungen von PR primär im organisationalen Kontext. Ein gravierender Unterschied besteht allerdings darin, dass sie Public Relations zumeist als ein untergeordnetes Instrument des Marketing ansehen (vgl. Röttger 2002, 26).

Nach Meinung von Röttger (2005, 343 f.) vernachlässigt besonders der gesellschaftsorientierte Ansatz von Ronneberger/Rühl die Tatsache, dass PR Auftragskommunikation ist, die primär Partialinteressen der jeweiligen Organisation vertritt. Aus diesem Grund schlägt sie vor, Public Relations aus organisationstheoretischer Perspektive zu betrachten (vgl. ebd.). Ähnlicher Auffassung ist Szyszka (2005b, 161), der in Public Relations-Aktivitäten „ursächlich eine bestimmte Form von Organisationshandeln" sieht.[44]

Nach Weber (2004, 54) ist eine trennscharfe Unterscheidung der beiden Systeme Journalismus und Public Relations nur möglich, wenn auch für beide Systeme unterschiedliche (Primär-)Funktionen zu identifizieren sind. Weber (ebd., 54 f.) sieht die Funktion des Journalismus darin, „aktuelle, faktische und relevante Wirklichkeiten zu konstruieren bzw. [...] abzubilden". Den Public Relations hingegen fällt die Aufgabe zu, „wünschenswerte, kontingente und intentionale Wirklichkeiten zu erzeugen bzw. [...] abzubilden".[45]

Die zentrale Leistung der Public Relations besteht nach Löffelholz (2004a, 479) darin, „im Interesse eines spezifischen Systems liegende Resonanzen – vor allem – im Journalismus anzuregen, um systemspezifische Beobachtun-

[43] Die vier Modelle der PR nach Grunig/Hunt: *Publicity*, *Informationstätigkeit*, *asymmetrische Kommunikation* und *symmetrische Kommunikation*.

[44] Vergleiche hierzu Abschnitt 3.2.1.

[45] Zu den weiteren Funktionen von Public Relations siehe Abschnitt 3.2.1.

gen in objektive und öffentlich verfügbare zu transformieren". Das heißt, dass Public Relations, z. B. für das System Wirtschaft (vgl. ebd., 478), versuchen, die speziellen Leistungen des Journalismus – beobachten und diese Beobachtungen öffentlich machen – für sich zu nutzen. Westerbarkey (1995, 160) beschreibt dies als einen Vorgang der „unbeobachteten Transformation von Selbstdarstellung in Fremddarstellung".

### 4.2.3 Zusammenfassung

Kunczik und Zipfel (2005, 187) bezeichnen das Verhältnis von Journalismus und Public Relations als „antagonistisch": danach stehen Public Relations für die Verbreitung interessengebundener Botschaften, während dem Journalismus das kritische Hinterfragen der Informationen zufällt.

Dennoch verdeutlichen die vorangegangenen Ausführungen in den Abschnitten 4.1 und 4.2 die vielfältigen und teilweise tiefen, strukturellen Verbindungslinien, die zwischen beiden Systemen bestehen. Die Nähe beider Systeme zueinander ist nicht zu leugnen. Weber (2004, 59) erkennt sogar, dass „Journalismus und PR [...] vermehrt wieder aufeinander zudriften".[46]

Zurückzuführen ist dies auch auf die zunehmende Komplexität des Kommunikationssystems. Merten (2004, 20) sieht einen kausalen Zusammenhang zwischen dem wachsenden Informationsbedarf und dem gesteigerten Informationsangebot: „Da Journalisten laufend neue Informationsangebote benötigen, werden partikulare Informationsangebote laufend nachgefragt." Diese

[46] Empirische Beobachtungen haben gezeigt, dass eine Annährung beider Systeme auf textueller, personeller, organisationeller und gesamtsystemischer Ebene auszumachen ist (vgl. Weber 2004, 59). Als Beispiel für die textuelle Ebene nennt Weber (ebd.) den Sektor der Special-Interest-Zeitschriften: hier ist eine quantitative Zunahme von PR-Informationen in journalistisch aufgemachten Artikeln festzustellen. Diese Artikel sind ausnahmslos positiv gefärbt. So stellt Weber die Frage: „Was ist dann der Artikel selbst: PR oder Journalismus?" (ebd.).

Aussage verdeutlicht, dass die Systeme voneinander abhängen und sich gegenseitig bedingen.

## 4.3 Die Kundenzeitschrift zwischen Journalismus und Public Relations

Die Kundenzeitschrift ist nicht ausschließlich PR-Instrument, sie ist aber auch kein rein journalistisches Produkt, sondern sie ist von beiden etwas. Röttger (2002, 123) bezeichnet dies als „mediale Sonderstellung"; Müller (1998, 3) charakterisiert die Kundenzeitschrift aus diesem Grund als „ein Medium aus zwei Welten", und Kramer (2005, 189) betitelt sie als „Hybridform".

Diese Aussagen verdeutlichen, dass die Kundenzeitschrift eine publizistische Sonderstellung zwischen den Systemen Journalismus und Public Relations einnimmt.[47] Aufgrund der defizitären Forschungssituation zum Medium Kundenzeitschrift fällt ihre publizistische Einordnung nicht leicht. Erschwerend kommt die von der Wissenschaft forcierte, moralisch wertende Gegenüberstellung von Journalismus und Public Relations hinzu (vgl. Röttger 2002, 112). Dieser Abschnitt versucht dennoch, die publizistische Sonderstellung der Kundenmagazine sowie ihre Bedeutung für das publizistische System herauszuarbeiten.

In diesem Zusammenhang liefert Hardenbicker (1999, 112) interessante Aspekte. Er schreibt hierzu, dass der Terminus *Zeitschrift* dem journalistischen System entnommen sei und im Fall der Kundenzeitschrift zu wirtschaftlichen Zwecken instrumentalisiert werde; seiner Meinung nach wird versucht, „mittels der Aufmachung eines journalistischen Textkosmos die wirtschaftlichen Zwecke und Identifikationspunkte für einen Empfänger zu kaschieren

---

[47] Abschnitt 2.3.3 hat gezeigt, dass eine klare wissenschaftliche Abgrenzung zwischen journalistischen Titeln, also Publikums- und Fachzeitschriften, und Kundenzeitschriften bisher nicht erbracht wurde.

[...]“ (ebd.). Ziel sei es, Persuasionsabsichten zu verstecken, indem man sich beim Erstellen eines Kundenmagazins journalistischer Texte bediene (vgl. ebd., 113). Das heißt, dass Kundenzeitschriften durch die Adaption journalistischer Elemente sowie durch ihr Auftreten in einem journalistisch anmutenden Äußeren – dem einer Zeitschrift – ihre eigentlichen Absichten verstecken. Nach Hardenbicker (ebd.) ist die Kundenzeitschrift ein „journalistisch getarntes Produkt“. Zudem sagt er, dass es den Unternehmen mit Hilfe dieser Tarnung gelinge, den Verbrauchern die „unbeliebten Unternehmensmedien“ näher zu bringen (vgl. ebd.).

Durch die Verwendung journalistischer Standards soll dem Leser also der Eindruck vermittelt werden, er hielte eine nach journalistischen Kriterien erstellte, objektiv berichtende und informierende Zeitschrift in den Händen. Auf diese Weise versucht die Kundenzeitschrift sowohl Glaubwürdigkeit und Qualität als auch Objektivität, drei Eigenschaften, welche im Allgemeinen der unabhängigen Presse zugeschrieben werden, abzugreifen und für sich zu nutzen.

Dass dem Journalismus und seinen Medien diese Eigenschaften zugeschrieben werden, bestätigt auch Szyszka (2004a, 191), der diesbezüglich sagt, dass der Journalismus von einer Parteinahme für das Publikum geprägt sei und damit resistent gegenüber einer außerhalb des Journalismus liegenden Einflussnahme sei. Danach berichtet der Journalismus objektiv, ohne von außen beeinflusst zu werden – z. B. durch PR-Aktivitäten.

Offen ist in diesem Zusammenhang, ob die Rezipienten der Kundenzeitschrift tatsächlich Eigenschaften wie Glaubwürdigkeit und journalistische Qualität zuschreiben.[48] Zudem stellt sich die Frage, was passiert, wenn die Leser die Vermischung von unabhängigem Journalismus und Auftragskom-

---

[48] Röttger (2002, 122) verweist gerade in diesem Zusammenhang auf den defizitären Forschungsstand zur Kundenzeitschrift: man wisse sehr wenig über ihre Leser und darüber, wie Kundenmagazine genutzt werden und welche Funktionen sie aus Lesersicht erfüllen.

munikation wahrnehmen und die Tarnung im journalistischen Gewand auffliegt (vgl. Röttger 2001, 7).

Und genau darin besteht das Dilemma der Kundenzeitschrift: Einerseits dient sie der intendierten Kommunikation der herausgebenden Unternehmung; sie ist Selbstdarstellungsplattform, kommuniziert für das Unternehmen relevante Inhalte und thematisiert es positiv. Anderseits muss sie, um die Aufmerksamkeit der Leser zu wecken, deren Interessen und Ansprüchen nach informierenden und unterhaltenden Inhalten nachkommen (vgl. Kramer 2005, 189 f.).

Wahl (1993, 293) sieht aus Sicht der Unternehmen einen wesentlichen Vorteil in der Herausgabe eigener Medien: „Die eigene Meinung [kann] inhaltlich und räumlich uneingeschränkt zum Ausdruck gebracht werden.“ Anders ist dies bei der klassischen Presse- und Medienarbeit: Pressemitteilungen werden von Redakteuren nur dann weiterverarbeitet, wenn sie auf journalistisches Interesse stoßen. Eine Auswahl findet nach journalistischen Selektionskriterien[49] und nicht nach „absenderkonformen Maßstäben“ (Szyszka 2004a, 183) statt. Während Unternehmen keinen direkten Einfluss auf eine Übernahme ihrer Pressemitteilungen in die journalistische Berichterstattung haben, ermöglichen eigene Magazine eine unzensierte, freie und unabhängige Selbstthematisierung. Mittels einer Kundenzeitschrift umgehen Unternehmen somit die Selektions- und Filterfunktion des Journalismus.

Die Form des Journalismus, die sich in Kundenmagazinen findet, kann als „Camouflage-Journalismus“ (Heijnk 1998, 11) bezeichnet werden. Damit ist die Verwischung der Grenzen zwischen unabhängigem Journalismus und bezahlter Öffentlichkeitsarbeit gemeint (vgl. Röttger 2002, 124).[50]

Somit ist die Kundenzeitschrift auf der einen Seite ein PR-Instrument, das Unternehmen zur Selbstdarstellung und -thematisierung nutzen. Auf der an-

---

[49] Hierzu mehr in Abschnitt 4.4.1.

[50] Zum Begriff des *Camouflage-Journalismus* vergleiche weiter Abschnitt 4.5.1.

deren Seite erfüllt sie viele journalistische Standards sowie Qualitätskriterien und weist mehr journalistische Elemente auf als andere PR-Publikationen (vgl. Kramer 2005, 188 f.). Gerade in dieser Dualität ist ihre wesentliche Eigenschaft zu sehen. Daraus ergibt sich zwangsläufig, dass sich Kundenmagazine auch an den Regeln und Normen dieser beiden Handlungssysteme orientieren müssen (vgl. Röttger 2001, 7).

Nach Wahl (1989, 52 ff.) ist die Kundenzeitschrift immer auch Werbemittel, das in redaktionellen Inhalten über unternehmerische Produkte, Dienstleistungen und andere Leistungen berichtet. In ihrer redaktionellen Gestaltung kann die Kundenzeitschrift sowohl unterhaltend und informierend als auch werblich ausgerichtet sein, abhängig von der jeweiligen Zielsetzung.

Eine eindeutige Zuordnung der Kundenzeitschrift zum publizistischen System, das zeigen die vorangegangenen Ausführungen, ist nicht möglich. Vielmehr ist die Kundenzeitschrift gerade über ihre mediale Sonderstellung publizistisch zu verankern. Sie ist vieles zugleich (PR-Instrument, journalistisches Produkt und/oder Werbemittel), nichts davon eindeutig. Diese Stellung zwischen verschiedenen Systemen und Funktionsgebieten ist ihr konstituierendes Merkmal.

## 4.4 Journalistische Programme

Das System Journalismus weist charakteristische Strukturen und Handlungsroutinen auf (vgl. Abschnitt 4.2.1). Das heißt gleichzeitig, dass sich Journalisten und Redaktionsmitarbeiter an bestimmten Wert- und Normenvorstellungen, Routinehandlungen sowie anderen systeminternen Praktiken orientieren. Zu diesen Standards des Journalismus gehören nach Altmeppen (2004, 425) die Selektionskriterien (Nachrichtenfaktoren), die Bearbeitungsroutinen (Recherchieren und Nachrichtenschreiben) sowie die Darstellungsformen zur Gestaltung und Präsentation von Medienangeboten – genannt „Programme“.

Hier werden die Selektionskriterien und die Darstellungsformen näher betrachtet.

### 4.4.1 Selektionskriterien

Journalisten haben darüber zu entscheiden, „welche Aspekte der Realität Eingang in die Medien finden“ (Kunczik und Zipfel 2005, 241). Bei der Entscheidung, welche Ereignisse zu einer Nachricht werden und welche nicht, orientieren sich Journalisten an bestimmten Merkmalen des Ereignisses, den *Nachrichtenfaktoren*. Je mehr Nachrichtenfaktoren ein Ereignis aufweist, desto größer ist die Wahrscheinlichkeit, dass es publiziert wird (vgl. Ruhrmann 1994, 238). Auf diese Weise steigt die „Publikationswürdigkeit“ (Kunczik und Zipfel 2005, 246) des Ereignisses und damit sein *Nachrichtenwert*; dieser entscheidet nicht nur darüber, ob ein Ereignis publikationswürdig ist, sondern auch über Platzierung, Umfang und Aufmachung dieses Ereignisses (vgl. Schulz 2000b, 30). Die Nachrichtenwert-Theorie ist nach Burkart (2002, 283) ein „allgemeinverbindliche[r] Konsens“, der darüber entscheidet, wie Ereignisse ausgewählt und interpretiert werden. Dies stellt das Grundkonzept der Nachrichtenwert-Theorie dar.

Neben der Nachrichtenwert-Theorie beschäftigen sich drei weitere Forschungsrichtungen mit der Nachrichtenauswahl und den auf den Selektionsprozess einflussnehmenden Faktoren: die *Gatekeeperforschung*, die *News-Bias-Forschung* und der *Framing-Ansatz* (vgl. Kunczik und Zipfel 2005, 241).[51] An dieser Stelle soll ausschließlich die Nachrichtenwert-Theorie näher erörtert werden, da nur sie sich mit Medieninhalten befasst (vgl. ebd., 245), was auch die vorliegende Studie im Praxisteil tun wird.

Die Nachrichtenwert-Theorie hat ihren Ursprung in den USA, wo sich Mitte der 20er Jahre erste Analysen mit der Nachrichtenauswahl beschäftigten. In

[51] Kunczik und Zipfel (2005, 241 ff. und 266-276) bieten eine ausführliche Zusammenfassung zu diesen drei Forschungsrichtungen.

den 60er Jahren etablierte sich eine europäische Forschungstradition, als deren Begründer Einar Östgaard gilt (vgl. Staab 1990, 42). Eine Weiterentwicklung des Ansatzes von Östgaard stellt der Ansatz von Galtung und Ruge dar. Sie unterscheiden zwölf Nachrichtenfaktoren, an denen sich Journalisten bei der Nachrichtenauswahl orientieren; dabei gilt, dass die Publikationswürdigkeit eines Ereignisses umso größer ist, je mehr es diese Faktoren erfüllt (vgl. ebd., 59 ff.).[52]

Durch Schulz (1976) erfährt die Nachrichtenwert-Theorie „eine theoretische Neuorientierung“ (Staab 1990, 205): Er sieht in den Nachrichtenfaktoren keine „objektiven Merkmale von Ereignissen“, sondern „journalistische Hypothesen von Realität“ (Schulz 1976, 30). Außerdem führt Schulz’ Überarbeitung des Faktoren-Katalogs von Galtung und Ruge zu einer Systematisierung der Nachrichtenfaktoren. Nach Schulz gibt es sechs Faktorendimensionen, unter denen er wiederum 18 Nachrichtenfaktoren subsumiert (vgl. ebd., 32 ff.):[53]

- *Zeit*: Dauer und Kontinuität
- *Nähe*: sowohl geografische als auch kulturelle und soziale Nähe
- *Status*: Prominenz
- *Dynamik*: Überraschung
- *Valenz*: Negativismus und Positivismus
- *Identifikation*: Personalisierung

[52] Schulz (1976) und Staab (1990) liefern einen detaillierten Überblick zur europäischen Forschungstradition der Nachrichtenwert-Theorie.

[53] Die Nachrichtenwert-Theorie ist eine eigene Forschungsrichtung; für die vorliegende Studie ist sie nicht weiter von Bedeutung, da mittels der Inhaltsanalyse die Verwendung von Nachrichtenfaktoren in den vorliegenden Kundenzeitschriften nicht untersucht wird. Aus diesem Grund werden an dieser Stelle nur einzelne Nachrichtenfaktoren näher betrachtet.

Hinsichtlich des Nachrichtenfaktors *Zeit* ist zu bemerken, dass in Kundenzeitschriften Ereignisse und Themen zur Sprache kommen, die entweder *zeitlos* sind oder aber einen Bezug zum Unternehmen haben und zu einem bestimmten Zeitpunkt oder innerhalb eines bestimmten Zeitraumes für das Unternehmen relevant sind. So könnte beispielsweise die Markteinführung eines neuen Modells oder aber auch das Facelift einer Fahrzeugreihe für einen Automobilhersteller ein aktuelles Ereignis sein, ohne das dieses Ereignis eine *Tagesaktualität* im eigentlichen Sinne aufweist. Dennoch ist es für das Unternehmen *aktuell* im Sinne von *wichtig* und *bedeutungsvoll.*

Der Nachrichtenfaktor *Nähe* umfasst die räumliche, politische und kulturelle Nähe sowie die Relevanz (Betroffenheit und existentielle Bedeutung) eines Ereignisses (vgl. ebd., 33). Bezogen auf die Kundenzeitschrift ist die Nähe des Ereignisses zum Unternehmen ein herausragender Nachrichtenfaktor. Für Bischl (2000, 80) ist das Unternehmen deshalb der „Nachrichtenfaktor Nummer eins“.[54] Demnach gilt ein Thema dann als berichtenswert, „wenn es in einem Bezug zum Unternehmen steht“ (ebd.). Ziel der vorliegenden Studie ist es u. a., den verdeckten Bezug zum Unternehmen und zu seiner Marke zu entlarven.

Bei der dritten Faktorendimension *Status* spielt der Faktor *Prominenz*, also die Bekanntheit einer Person, ihre Stellung und ihre Bedeutung in der Gesellschaft, für das Kundenmagazin eine wichtige Rolle: beispielsweise kann das Image einer prominenten Persönlichkeit durch ein Interview mit dieser Person positiv auf das Image der Marke rückwirken (vgl. hierzu auch Abschnitt

---

[54] Bischl (2000, 69 und 12) entwickelt den Nachrichtenfaktor *Unternehmensorientierung* für die Mitarbeiterzeitung als Instrument der internen Public Relations. Dieser lässt sich aber auf die Kundenzeitschrift übertragen, da beiden publizistischen Formen sowohl die Herausgeberschaft durch ein Unternehmen als auch der Einfluss von Journalismus und PR auf das Medium gemeinsam ist. Hinsichtlich der Zielgruppe liegt ein deutlicher Unterschied vor: Mitarbeiterzeitungen dienen der Information von Belegschaft und Pensionären, während Kundenzeitschriften Kunden anvisieren (vgl. ebd., 68 f. und 83).

4.4.2). In diesem Zusammenhang ist der Faktor *Identifikation* mit seiner Dimension *Personalisierung*, die „Bedeutung von Personen für den berichteten Sachverhalt“ (Staab 1990, 221), ebenfalls zentral für die Kundenzeitschrift. So könnte beispielsweise ein für einen bestimmten Sachverhalt ausgewiesener Experte die Glaubwürdigkeit des Beitrags steigern. Dies ist u. a. Thema des nun folgenden Abschnitts.

### 4.4.2 Darstellungsformen

Nach Weischenberg (2004b, 111 f.) bieten journalistische Darstellungsformen „unterschiedliche Möglichkeiten der Gestaltung sowie der Darbietung von einzelnen Medienangeboten“. Haas (2005, 227) beschreibt Darstellungsformen als „Konvention der Präsentation von Medienaussagen“. Es handelt sich also um Berichterstattungsmuster, die zur Gestaltung publizistischer Aussagen von den Medien eingesetzt werden und die gleichzeitig von den Rezipienten gelernt und wiedererkannt werden (vgl. Weischenberg 2004b, 123).

Weischenberg (ebd., 122) identifiziert sechs Darstellungsformen und unterteilt diese in drei Gruppen: *Meldung* und *Bericht* als Nachrichtendarstellungsformen, *Kommentar* und *Glosse* als Meinungsdarstellungsformen sowie *Reportage* und *Feature* als Unterhaltungsdarstellungsformen. Dabei betont er, dass insbesondere die Nachrichtendarstellungsformen die der journalistischen Berichterstattung zugrundeliegende *Trennung von Nachricht und Meinung* funktional umsetzen sollen. Meinungs- und Unterhaltungsdarstellungsformen dienen dagegen der Ergänzung und Deutung von Nachrichten (vgl. ebd.).

Einige Darstellungsformen und ihre typischen Merkmale werden im Folgenden vorgestellt. Als erstes ist die Nachricht zu nennen, die an sich keine Darstellungsform ist, aber „den Inhalt aller Darstellungsformen im Journalismus“ (Wolff 2006, 54) bestimmt. In Form einer *Meldung* oder eines *Berichts* erscheint die Nachricht in der Zeitung bzw. Zeitschrift. Meldung und Bericht unterscheiden sich überwiegend in quantitativer Hinsicht: so ist die Meldung kürzer als der Bericht (vgl. ebd., 74).

Um den Leser umfassend und konkret zu informieren, muss die Nachricht auf die so genannten W-Fragen eine Antwort geben: *wer*? *was*? *wann*? *wo*? *wie*? *warum*? Sie bilden gleichzeitig „den Mindestumfang jeder redaktionellen Bearbeitung“ (ebd., 55). Nach Schneider und Raue (1996, 65) sind die Fragen *wer*? *was*? *wann*? und *wo*? zwingend zu beantworten, während *wie*? und *warum*? wünschenswerter Weise zu erörtern sind. Die beiden Autoren erweitern die sechs W-Fragen um eine siebte Fragedimension: *woher*? im Sinne von *welche Quelle*? (vgl. ebd., 64).

In Zeitschriften kommt sehr häufig die *Reportage* – auch Erlebnisbericht genannt – zum Einsatz. Sie beruht zwar auf erlebten Tatsachen, ist aber gespickt mit persönlichen Eindrücken des Autors (vgl. Menhard und Treede 2004, 122). Ihr Ziel ist es, den Leser an den Erlebnissen des Autors teilhaben zu lassen: „Die Reportage lässt den Leser etwas Einzigartiges konkret miterleben“ (Wolff 2006, 202).

Auch das *Feature*, das als Mischform aus Nachricht und Reportage bezeichnet werden kann, wird häufig in Zeitschriften verwendet (vgl. Menhard und Treede 2004, 126 ff.). Wolff (2006, 198) beschreibt das Feature über seine Funktion: „Das Feature stellt abstrakte Sachverhalte oder Sachthemen mithilfe typischer Situationen dar [. . . ]. Es erklärt anschaulich komplizierte Entwicklungen oder Zusammenhänge an treffenden Beispielen.“ Typische Featurethemen sind nach Meinung von Wolff „Wie- und Trend-Themen“ (ebd., 199): „Wie...Daimler einen Kleinwagen baut“ oder als Beispiel für ein Trend-Thema „Immer mehr...Deutsche wandern aus“ (ebd., 199 f.).

Die Darstellungsform *Portrait* „soll Menschen lebhaft und plastisch in den für ihr öffentliches Leben charakteristischen Zügen darstellen“ (ebd., 219). Diese journalistische Form ist relativ frei von Strukturvorgaben. Zur Erzeugung von Lebendigkeit entleiht der Autor hierfür Elemente der anderen Darstellungsformen. Das Portrait kommt auf der einen Seite zur Personalisierung von komplexen und trockenen Themen zum Einsatz; auf der anderen Seite werden gern prominente Personen portraitiert (vgl. Menhard und Treede 2004, 136 ff.). Giovanelli (2004, 42) hebt in diesem Zusammenhang die Bedeutung prominenter und anerkannter Personen für die Imageaufwertung des Unternehmens hervor. So kann ein Portrait einer berühmten Persönlichkeit in einer Kundenzeitschrift den Imagewert des Unternehmens bzw. der Marke steigern, sofern sie zur Zielgruppe passt und eine Identifikation seitens der Leser möglich ist.

Abschließend geht es um das *Interview*, das eine ähnlich lebendige Darbietungsform wie das Portrait ist. Durch die Frage-Antwort-Form wirkt das Interview authentisch und gleichzeitig menschlich (vgl. Menhard und Treede 2004, 129 ff.). Nach Biere (zit. n. Giovanelli 2004, 44) umgehen Unternehmen mittels des Interviews das „Dilemma der Selbstdarstellung“: Eine nach Möglichkeit kompetent und unabhängig wirkende Interviewperson kann auf diese Weise ein definiertes Bild der Unternehmung nach außen tragen (vgl. Giovanelli 2004, 44). Hardenbicker (1999, 149) sagt hierzu, dass für ein Interview solche Themen und Gesprächspartner gewählt werden sollten, die dem definierten Image zuträglich sind. Auf einem indirekten Wege – dem Interview – kann somit ein strategischer Beitrag zur positiven Selbstdarstellung geleistet werden (vgl. ebd., 151).

So kann mithilfe des Interviews sozusagen eine Filterfunktion, ähnlich der Filterfunktion des Journalismus bei der Verbreitung von Informationen aus Pressemitteilungen, umgangen werden. Eine vom Unternehmen losgelöste Interviewperson kann als unabhängige Quelle gelten und daher glaubwürdiger erscheinen als z. B. eine Person aus dem Unternehmen.[55] Ähnlich verhält es sich mit so genannten Experten, die zur Steigerung der Glaubwürdigkeit und

[55] Hiermit vergleichbar ist der Einsatz prominenter Testimonials in der Werbung: Das Eigeninteresse des Testimonials ist nicht unmittelbar ersichtlich; es gilt als neutrale Quelle und ist daher glaubwürdiger als der Werbungtreibende selbst, dem das Publikum ausschließlich Eigeninteresse unterstellt (vgl. Eisend 2003, 107).

des Vertrauens für ein Interview herangezogen werden. Hier ist interessant herauszufinden, wer die Akteure und Handlungsträger in den Artikeln der vorliegenden Kundenzeitschriften sind. Daraus können dann entsprechende Rückschlüsse auf die Intentionen der Herausgeber gezogen werden.

Menhard und Treede (2004, 115) heben hervor, dass ein Mix verschiedener Darstellungsformen eine gute Zeitschrift auszeichnet. Zudem verweisen die Autoren auf die fließenden Grenzen zwischen den Textgattungen; in vielen Zeitschriften sind daher Mischformen zu finden.[56]

Außerdem ist zu untersuchen, welche Darstellungsformen es in den vorliegenden Kundenmagazinen gibt. Ist die Reportage nicht beispielsweise eine geeignete Darstellungsform für Fahrberichte an exotischen Standorten? Die Vermittlung von Atmosphäre und Emotionen – das Gefühl des Dabeigewesenseins – ist für das Produkt Automobil von zentraler Bedeutung.[57]

### 4.4.3 Heftkonzept und Heftdramaturgie

Ziel einer jeden Publikation ist es, den Leser zu fesseln, Spannung zu erzeugen, damit er sich nicht langweilt. Somit sind einerseits an den Heftaufbau einer Zeitschrift – die Heftdramaturgie – und zum anderen an den Artikel selbst gewisse Anforderungen zu stellen.

Von zentraler Bedeutung ist die Titelseite einer Zeitschrift, besonders bei Titeln, die vorwiegend über den Einzelhandel und nicht über das Abonnement vertrieben werden. Auf der Titelseite spielt die Optik eine wichtigere Rolle als der Text; Fotos oder Illustrationen sind eher Eye-Catcher als Schrift (vgl. Brielmaier und Wolf 2000, 167 f.).[58]

---

[56] Aus diesem Grund wird auch für die Inhaltsanalyse eine Mischform bzw. *Hybridform* entwickelt (siehe Codebuch).

[57] Hierzu mehr in Abschnitt 5.2.1.

[58] Kundenzeitschriften werden zum größten Teil adressiert versandt und werden nur zu einem geringen Teil über den Einzelhandel vertrieben (vgl. hierzu auch Abschnitt 2.4.1).

Grundsätzlich sollte die Heftordnung wiederkehrende Strukturen aufweisen, da diese u. a. der Orientierung des Lesers dienlich sind. Gleichzeitig ist es ratsam, eine Mischung aus verschiedensten, abwechslungsreichen Textarten zu verwirklichen (vgl. Menhard und Treede 2004, 96 f.). Darüber hinaus wird ein Wechsel von kurzen und langen Beiträgen empfohlen (vgl. Brielmaier und Wolf 2000, 174). Nach Auffassung von Brielmaier und Wolf (ebd., 155) sind solche Strukturen in Ergänzung mit anderen Basiselementen wichtige Instrumente zur Sicherung einer langfristigen Leser-Blatt-Bindung.

Zu solchen Strukturvorgaben zählen auch die so genannten *Standard-* und *Aufmacherseiten*, die in Zeitschriften unterschieden werden. Regelmäßig wiederkehrende Themenseiten werden als *Standardseiten* bezeichnet. Dazu zählen das *Editorial*, das *Inhaltsverzeichnis* sowie das *Impressum* (vgl. ebd., 174).

Den redaktionellen Einstieg in eine Zeitschrift leistet das *Editorial* – auch Vorwort genannt. Hier kommt häufig der Chefredakteur zu Wort. Da es die erste Seite der Zeitschrift ist, müssen bereits hier ihre wesentlichen gestalterischen Elemente zu erkennen sein (vgl. ebd., 70).

Als eine Art Ordnungsmuster kann auch das *Inhaltsverzeichnis* verstanden werden, welches obligatorischer Bestandteil eines jeden Printmediums ist. Aus diesem Grunde sollte es auch in der Kundenzeitschrift nicht fehlen, wenn die Anmutung eines journalistischen Produktes angestrebt wird. Nach Hardenbicker (1999, 128) übernimmt das Inhaltsverzeichnis eine Ankündigungsfunktion und bietet schnelle Orientierungshilfe. Ebenfalls erforderlich ist nach Ansicht von Brielmaier und Wolf (2000, 172) eine Rubrizierung der Inhalte.[59]

---

Somit ist diese Aussage für den Kundenzeitschriftenmarkt eher nebensächlich. Dennoch ist das Titelbild auch für ein Kundenmagazin wichtig; es übernimmt ebenfalls die Funktion, das Interesse des Lesers zu wecken, damit das Magazin nicht ungelesen in das Altpapier wandert.

[59] *Rubriken* sind „regelmäßig wiederkehrende Themenseiten oder Sektionen“ (Brielmaier und Wolf 2000, 263).

Von herausragender Bedeutung ist das *Impressum.* Im Deutschen Presserecht ist verankert, dass es integraler Bestandteil eines jeden Presseerzeugnisses sein muss: Darin zu nennen sind der Druck- und Verlagsort sowie namentlich die Verantwortlichen für Redaktion und Anzeigen (vgl. Menhard und Treede 2004, 105). Für Hardenbicker (1999, 127) ist das Impressum „eine Textrealisationsform im journalistischen Sinne, weil sie konstitutiv für jedes Presseerzeugnis ist".

Neben Standardseiten gibt es *Aufmacherseiten*, die der Hervorhebung wichtiger Artikel dienen. Ihr Ziel ist es, die Aufmerksamkeit des Lesers zu wecken. Dazu müssen sie sich von den Standardseiten gestalterisch deutlich abheben; dies kann beispielsweise durch den Einsatz großer Bilder/Fotos geschehen (vgl. Menhard und Treede 2004, 103).

Auch auf der Ebene eines Artikels oder redaktionellen Beitrags sind inhaltliche und grafische Elemente zu berücksichtigen, um das Interesse des Lesers zu wecken und zu lenken. So sollte nach Brielmaier und Wolf (2000, 188 ff.) jeder Zeitschriftenartikel aus einer Überschrift (Titelzeile), einem Vorspann, dem Lauf- oder Fließtext sowie Zwischentiteln (Zwischenüberschriften) bestehen. Dabei dient der Vorspann der inhaltlichen Einordnung des Artikels; er sollte sich grafisch von der Überschrift und dem eigentlichen Fließtext abheben. Zwischentitel im Fließtext erleichtern die Lesbarkeit des Beitrags.

Des Weiteren gehören Kästen, Grafiken und Tabellen zum „Standard gut gemachter Presseseiten" (Wolff 2006, 235), um Informationen zu präsentieren. Kästen übernehmen vorwiegend Erklärungs- und Ergänzungsfunktionen zum Inhalt des Beitrags, während Grafiken vor allem der Illustration statistischer Daten dienen. Zur Darstellung größerer Daten - und Informationsmengen in kompakter Form eignen sich besonders Tabellen (vgl. ebd., 235 ff.).

Auch Bilder – dazu gehören Fotos und Illustrationen – stellen wesentliche Standardelemente einer Zeitschriftenseite dar. Sie lockern das Seitenlayout optisch auf und verbessern, wie auch Zwischenüberschriften und Absätze, den Lesefluss (vgl. Menhard und Treede 2004, 177 f). Zu jedem Bild gehört, nach Ansicht von Brielmaier und Wolf (2000, 188), eine Bildunterschrift, die nicht zwingend unter dem Bild stehen muss. Allerdings sollte für den Leser erkennbar sein, dass Bild und Unterschrift zusammengehören.

## 4.5 Weitere journalistische Kriterien

Neben Nachrichtenfaktoren, journalistischen Strukturmerkmalen und Darstellungsformen gibt es weitere zentrale journalistische Kriterien, denen auch die Kundenzeitschrift gerecht werden muss, wenn sie von den Rezipienten wahrgenommen, anerkannt und gelesen werden will. Deshalb sind sowohl die journalistische Qualität als auch die Glaubwürdigkeit wichtige Zielwerte der Kundenzeitschrift.

### 4.5.1 Journalistische Qualität

Journalistische Qualität zu erfassen, ist schwer bis gar nicht möglich. Dafür gibt es zahlreiche Gründe, u. a. die Tatsache, dass der Qualitätsbegriff an sich schon sehr komplex ist. Aber auch, dass sich das Forschungsfeld des Journalismus als sehr heterogen präsentiert und damit die Bedeutung der Qualität für den Journalismus umstritten ist (vgl. Bucher 2003, 11 f.).

Ebenso vielfältig sind die Perspektiven, aus denen journalistische Qualität betrachtet werden kann: aus der Perspektive des Publikums oder der Journalisten selbst oder aus Sicht des journalistischen Produktionsprozesses oder des journalistischen Produkts. Jede dieser Gruppen hat andere Ansprüche sowie differenzierte Bezugssysteme (vgl. Wyss 2002, 97 f. und 116 f.). Im Fall der vorliegenden Studie wird ausschließlich das Produkt, die Kundenzeitschrift, betrachtet; die anderen Perspektiven bleiben unberücksichtigt.

Die bestehenden Schwierigkeiten, journalistische Qualität zu bestimmen, führen bei vielen Autoren zu der Einsicht, „dass es im Journalismus den einen Qualitätsmaßstab nicht geben kann“ (ebd., 96 f.). Vielmehr muss der journa-

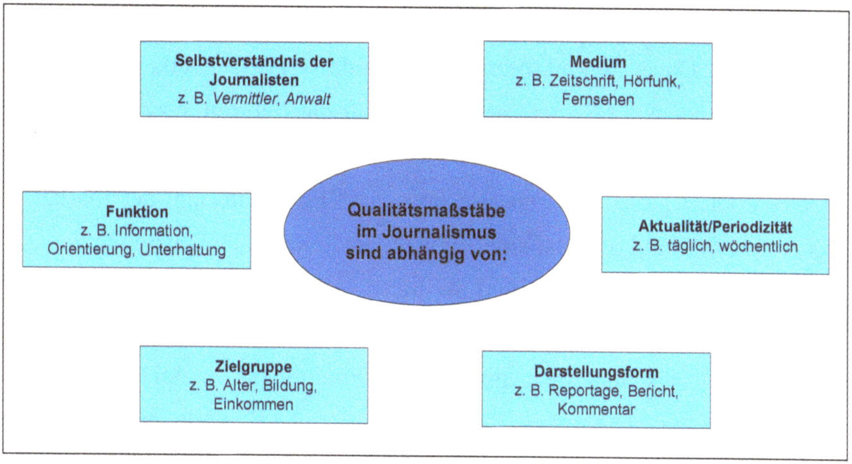


**Abb. 4.1:** Qualitätsmaßstäbe im Journalismus

*Quelle:* Eigene Darstellung in Anlehnung an Wyss (2002, 97)

listische Qualitätsbegriff so beschaffen sein, dass er sowohl dehnbar und wandelbar, als auch durch Offenheit gekennzeichnet ist. Aus diesem Grund wird vorgeschlagen, journalistische Qualität nicht als absolute, sondern als variable Größe zu sehen. Das heißt, sie ist abhängig von wiederum anderen Variablen wie z. B. der Zielgruppe, dem Medium und dem journalistischen Rollenselbstverständnis des Einzelnen (vgl. Wyss 2002, 97; Weichler 2003, 44). Abbildung 4.1 veranschaulicht die Abhängigkeit der journalistischen Qualität von verschiedenen Variablen.

Trotz Pluralität der Perspektiven und der unklaren Begriffsbestimmungen unterscheidet Weichler (2003, 42 f.) zwei Ansätze zum Verständnis von journalistischer Qualität:

- der normative Ansatz
- der funktionale Ansatz

Der **normative Ansatz** erfasst journalistische Qualität als eine Ansammlung verschiedener Kriterien und Dimensionen. Nach Wyss (2002, 117 ff.)

gehören dazu *Objektivität, Richtigkeit, Vielfalt, Transparenz, Relevanz* und *Vermittlung*. Diese „produktbezogenen Qualitätskriterien" (ebd., 117) sind für die vorliegende Studie interessant, da sie für die Beurteilung einzelner journalistischer Beiträge herangezogen werden können.[60]

*Objektivität* gilt als das oberste und wichtigste Kriterium der journalistischen Qualität und umfasst eine Vielzahl an weiteren Dimensionen wie z. B. die Trennung von Nachricht und Meinung[61]. Da der journalistische Objektivitätsbegriff nicht zu definieren ist, unterscheiden Scholl und Weischenberg (1998, 181) zwischen einem prozessualen und einem objektbezogenen Objektivitätsaspekt: ersterer betrifft das journalistische Handeln und die dabei zu beachtenden Kriterien wie Vollständigkeit, Transparenz und Neutralität. Die objektbezogene Perspektive meint hingegen die neutrale und verzerrungsfreie Darstellung im Sinne von Vielfalt und Ausgewogenheit.

*Richtigkeit* meint Faktentreue: alle relevanten Fakten, die für das Verständnis des Sachverhalts notwendig sind, sind wiederzugeben.[62] Dazu zählt einerseits die Wiedergabe widersprüchlicher Informationen; anderseits gehören Quellenangaben ebenso dazu wie die Beantwortung der journalistischen W-Fragen. Hier offenbart sich der enge Zusammenhang zwischen den Qualitätskriterien *Objektivität* und *Richtigkeit*, weshalb Wyss (2002, 123) *Richtigkeit* auch als ein Subkriterium der *Objektivität* bezeichnet.

---

[60] Alle folgenden Ausführungen zum normativen Ansatz und den sechs Qualitätsmerkmalen finden sich, wenn nicht anders gekennzeichnet, bei Wyss (2002, 117-146).

[61] Die Trennung von Nachricht und Meinung ist ein journalistisches Grundprinzip und liegt jeder journalistischen Arbeitsweise zugrunde (vgl. Wallisch 1995, 104 ff.).

[62] Hierbei geht es nicht um den Wahrheitswert von Ereignissen. Obwohl Journalisten ihrem Rollenverständnis nach als neutrale Beobachter fungieren, kann es keinen Sachverhalt geben, der „nicht durch die Perspektive des Beobachters geprägt ist" (Wyss 2002, 122). Journalisten können folglich nur auf „Hilfsstrategien" zurückgreifen, um dem Postulat der Richtigkeit nahe zu kommen (vgl. ebd.).

Ebenfalls von großer Bedeutung für die Sicherung der journalistischen Qualität ist das *Vielfaltspostulat*. Es umfasst die Themen-, Akteurs-, Interessen- und Meinungsvielfalt sowie die Quellenvielfalt. Die Forderung nach Vielfalt und Ausgewogenheit in der Berichterstattung von Kundenzeitschriften findet sich auch bei CP-Praktikern wieder; ihrer Meinung nach ist dies das entscheidende Qualitätskriterium für ein Kundenmagazin (vgl. Liedtke 2004, 655; Weichler und Endrös 2005, 139).

Als vierte Dimension führt Wyss *Transparenz* an: dazu gehören erneut die Trennung von Nachricht und Meinung sowie die Quellentransparenz.

*Relevanz* spielt in unserer Informationsgesellschaft eine entscheidende Rolle: Journalisten haben heute auch die Aufgabe, die komplexe Wirklichkeit durch Recherche, Selektion und Präsentation zu reduzieren, um sie dann der Öffentlichkeit zu vermitteln. Es geht also darum, sachlich und sozial relevante Themen zu kommunizieren.

Das Kriterium *Relevanz* ist auf diese Weise nicht auf das Medium Kundenzeitschrift anwendbar. Ziel eines Kundenmagazins ist es nicht, entsprechend des eben dargelegten journalistischen Verständnisses, umfassend zu informieren. Vielmehr sind Kundenzeitschriften ein Produkt der Selbstdarstellung und dementsprechend fällt die Themenwahl aus: relevant sind vorrangig das Unternehmen, seine Produkte und Marken. Dass in Kundenmagazinen dennoch unternehmensbezogene Themen mit unternehmensfremden vermischt werden, macht gerade ihre Besonderheit aus.

*Vermittlung* meint Akzeptanz, Interaktivität und Verständlichkeit. Nach Rager (zit. n. Wyss 2002, 141) bedeutet dies die Wahl einer angemessenen journalistischen Darstellungsform und deren genreadäquate Umsetzung, eine zielgruppengerechte Ansprache sowie das Bemühen um Verständlichkeit der Darstellung. Es soll also eine Beziehung zum Publikum hergestellt werden. In diesem Zusammenhang ist besonders der Aspekt der Interaktivität für die folgende inhaltsanalytische Untersuchung interessant. Dafür ist zu untersuchen, ob Dialoginstrumente zum Einsatz kommen, ob die Redaktion offen ist für Kritik und Anregungen (z. B. Leserbriefe) und ob den Rezipienten weiterführende Hinweise und Tipps (Internetseiten, Service-Hotline u. ä.) offeriert werden.

Der zweite Ansatz – der **funktionale Ansatz** – hingegen ist gekennzeichnet durch die Annahme, dass die Ausdifferenzierung unseres Gesellschaftssystems auch einen ausdifferenzierten Journalismus erfordert; so gibt es u. a. Sportjournalisten, Service- und Lokaljournalisten, die jeweils dann qualitativ hochwertige Leistungen erbringen, wenn sie ihre jeweilige Funktion optimal erfüllen. Demnach ist Qualität keine absolute Größe, sondern variiert je nach Aufgabe und Zielsetzung (vgl. Weichler 2003, 43).

Bezogen auf die Kundenzeitschrift bedeutet dies, dass sie dann – im journalistischen Sinne – qualitativ hochwertig ist, wenn sie die ihr zugeschriebenen Aufgaben im Sinne des Unternehmens erfüllt. Soll die Kundenzeitschrift vorwiegend als Marketing-Instrument zur Verkaufsförderung und Produktinformation eingesetzt werden, ist ihr Inhalt und ihre optische Gestaltung eine andere als bei einem Kundenmagazin, das dem Imageaufbau und der Kundenkontaktpflege dient. Ersteres ist katalogähnlich aufgemacht, Produkte und Dienstleistungen des Unternehmens stehen im Vordergrund. Inhalte und Aufmachung einer Kundenzeitschrift, die als PR-Instrument fungiert, sind hingegen im journalistischen Sinne professionell erstellt und erfüllen journalistische Standards bezüglich Heftaufbau und Darstellungsformen sowie Kriterien der journalistischen Qualität. Sie gleichen immer mehr professionell erstellten und unabhängigen journalistischen Medien (vgl. Weichler und Endrös 2005, 140 f.; Kramer 2005, 208 f.).

Im Zusammenhang mit der Thematik der Kundenzeitschrift fällt immer wieder der Begriff des „Camouflage-Journalismus“ (Heijnk 1998, 11; Kramer 2005, 219).[63] Nach Kramer (2005, 219) werden bei dieser Form des Journalismus PR-Inhalte mit redaktionellen Beiträgen verknüpft, wobei die redak-

[63] Vergleiche auch Abschnitt 4.3.

tionellen Beiträge der Kaschierung von PR-Mitteilungen dienen. Ziel ist es, dem Leser PR-Informationen über journalistische Artikel zu vermitteln. Zudem soll der Camouflage-Journalismus „den Anschein der Unabhängigkeit" (ebd., 220) und damit die Glaubwürdigkeit der Kundenzeitschrift erhöhen.

Neben dem Begriff der Qualität spielt auch die Glaubwürdigkeit im Journalismus eine herausragende Rolle. Dass beide Faktoren eng miteinander verbunden sind, zeigt der nächste Abschnitt.

### 4.5.2 Glaubwürdigkeit

*Vertrauen* und *Glaubwürdigkeit* sind zentrale Werte im Journalismus.[64] Die Bevölkerung vertraut dem Journalismus als kritischem Beobachter gesellschaftlicher Prozesse (vgl. Dernbach 2005, 139 ff.).

Nach Bentele und Seidenglanz (2005, 346) ist *Glaubwürdigkeit* eine Eigenschaft,

> „die Menschen, Institutionen oder deren kommunikativen Produkten (mündliche oder schriftliche Texte, audiovisuelle Darstellungen) von jemandem (Rezipienten) in Bezug auf etwas (Ereignisse, Sachverhalte) zugeschrieben wird."

Damit zeigen die Autoren die Vielschichtigkeit des Phänomens *Glaubwürdigkeit*: So können auf der einen Seite Akteure des Journalismus als glaubwürdig gelten (z. B. Journalisten oder Nachrichtensprecher), auf der anderen Seite aber auch der Journalismus selbst.

Für diese Studie ist die so genannte „Medienglaubwürdigkeit" (ebd., 353), also die speziell den Medien zugesprochene Glaubwürdigkeit, interessant.

---

[64] Glaubwürdigkeit wird in den Kommunikations- und Medienwissenschaften häufig mit Vertrauen gleichgesetzt (vgl. Dernbach 2005, 138). Bentele und Seidenglanz (2005, 346) konstruieren Glaubwürdigkeit dagegen als ein Teilphänomen von Vertrauen. In dieser Studie wird daher ausschließlich der Begriff *Glaubwürdigkeit* verwendet.

Dabei sind es vor allem die konkreten, durch die Medien vermittelten Informationen, die als wahr und objektiv angesehen werden.

Diese Medienglaubwürdigkeit hat ihrerseits wieder viele Dimensionen: So schreibt die Bevölkerung nicht nur den Mediengattungen (z. B. Printmedien, Fernsehen, Hörfunk), sondern auch den Einzelmedien dieser Gattungen (z. B. Boulevardzeitungen oder Nachrichtenmagazinen) selbst ein bestimmtes Maß an Glaubwürdigkeit zu. Außerdem beeinflussen Faktoren wie Alter, Bildung oder auch die Mediennutzung die Glaubwürdigkeitszuschreibungen des Einzelnen (vgl. ebd.).

Was bedeutet die dem Journalismus zugeschriebene Glaubwürdigkeit nun für die Kundenzeitschrift? Grundsätzlich ist festzuhalten, dass Kundenmagazine bezüglich der Glaubwürdigkeit vor einem besonderen Problem stehen, das Zerfaß (2004, 401) so beschreibt: „Um glaubwürdig zu bleiben, dürfen die guten Absichten [des Unternehmens, Anmerk. N. K.] nicht zu stark in den Vordergrund gestellt und ausgemalt werden – aber erfolgreiche PR verlangt klare Botschaften." Zerfaß' Aussage verdeutlicht das Dilemma der Kundenzeitschrift: Einerseits soll sie klare, eindeutige Botschaften im Sinne des Unternehmens transportieren; anderseits darf sie nicht zu einem Medium der „Hofberichterstattung" oder „platten Produktverlautbarung" (Weichler und Endrös 2005, 141) werden.

Nach Bentele und Seidenglanz (2005, 356) kann es dann zu einem Glaubwürdigkeitsverlust kommen, wenn in der Wahrnehmung des Betrachters „Diskrepanzen zwischen Information und tatsächlichem Sachverhalt" bestehen. Die Themenstruktur einer Kundenzeitschrift sollte daher so beschaffen sein, dass keine einseitige Ausrichtung auf das Unternehmen und damit keine übertriebene Selbstdarstellung zu erkennen ist. Ansonsten bestünde die Gefahr, so Eicher (2003, 42), dass das Image des Mediums und damit das des Unternehmens darunter leide. Das würde zugleich der Glaubwürdigkeit der Kundenzeitschrift schaden.

Weichler und Endrös (2005, 137) stellen eine direkte Verbindung zwischen journalistischer Qualität und Medienglaubwürdigkeit her: „Die Glaubwürdigkeit des Journalismus basiert zu einem großen Teil auf der journalistischen Qualität.“ Ihrer Meinung nach gilt eine Kundenzeitschrift dann als journalistisch professionell, wenn sie sowohl positive als auch negative Inhalte, sowie Probleme, Konflikte und kontroverse Meinungen beinhaltet (vgl. ebd., 139).

Public Relations haben zum Ziel, Glaubwürdigkeit, Vertrauen, Sympathie und Loyalität gegenüber dem Unternehmen zu schaffen; zudem geht es um die Etablierung eines positiven Unternehmensbildes (vgl. Pflaum und Linxweiler 1998, 16 f.). Nach Auffassung von Bentele und Seidenglanz (2005, 357) können Public Relations den Prozess der Vertrauensbildung und die Stärkung der Glaubwürdigkeit im besonderen Maße initiieren und unterstützen, indem sie ein auf Dialog und Offenheit beruhendes Kommunikationsverhalten verfolgen. Dabei geht es vornehmlich um den Austausch von Argumenten sowie um eine selbstkritische Auseinandersetzung mit dem eigenen Verhalten.

Mittels des PR-Instruments Kundenzeitschrift versuchen Unternehmen, die den journalistischen Medien zugeschriebene Glaubwürdigkeit abzugreifen. Auch Dernbach (2005, 148) teilt diese Ansicht: PR-Produkte und PR-Inszenierungen werden in journalistische Produkte verpackt, um Glaubwürdigkeit zu gewinnen.

Abschließend ist festzustellen, dass der Camouflage-Journalismus, welcher in Kundenzeitschriften zu finden ist, ein interessengeleiteter ist. Anders als der unabhängige Journalismus, der vielfältige gesellschaftliche Funktionen wahrnimmt, wird mittels des Camouflage-Journalismus versucht, Informationen über das Unternehmen, über seine Marke und seine Marktleistungen redaktionell zu gestalten und neben wettbewerbsneutralen Inhalten zu platzieren.

## 4.6 Zusammenfassung

In Kapitel 4 wurden die Funktionen der Systeme Journalismus und Public Relations herausgearbeitet. Außerdem konnte gezeigt werden, dass die Kundenzeitschrift ein Medium aus zwei Welten ist, sich Elementen beider Systeme – Journalismus und Public Relations – bedient und damit eine Besonderheit im publizistischen System darstellt, was sie wiederum als Forschungsobjekt so interessant macht.

In der Kundenzeitschrift wird der Journalismus sozusagen kopiert: Dies geschieht beispielsweise durch die Übernahme journalistischer Programme wie z. B. verschiedener Darstellungsformen sowie durch die Übernahme journalistischer Kriterien für die Heftdramaturgie oder für die Gestaltung und den Aufbau redaktioneller Beiträge. Das Medium Kundenzeitschrift adaptiert den Journalismus und Teile seiner Arbeitsweisen, um auf diese Weise interessengesteuerte Kommunikation – Botschaften, Werte, ein Image – zum Rezipienten zu transportieren. Das System Journalismus wird also simuliert und für PR-Zwecke instrumentalisiert. Auf diese Weise werden wichtige, dem Journalismus im Allgemeinen zugeschriebene Werte wie Qualität und Glaubwürdigkeit auf das Medium Kundenzeitschrift übertragen.

## 4.7 Fragestellung und Operationalisierung

Den Problemhintergrund für das Erkenntnisinteresse dieser Studie bildet die mediale Sonderstellung der Kundenzeitschrift. Die bisherigen Ausführungen dienten der theoretischen Verankerung der Kundenzeitschrift als eine Schnittmenge aus zwei Welten: dem Journalismus und den Public Relations (vgl. u. a. Abschnitt 4.3). So konnte im Theorieteil erstens gezeigt werden, dass Kundenmagazine Funktionen für die Unternehmenskommunikation übernehmen und sich dabei journalistischer Elemente und Arbeitsweisen bedienen (vgl. u. a. Kapitel 3). Zweitens wurde erläutert, was unter dem Begriff *Camouflage-*

*Journalismus* zu verstehen ist (vgl. Abschnitt 4.5.1). Auch dass Kundenmagazine in ihrer optischen und inhaltlichen Gestaltung Publikums- und Fachzeitschriften immer ähnlicher werden, wurde angesprochen (vgl. Abschnitt 2.3.3). Viertens wurde die Auffassung einiger Autoren thematisiert, dass Kundenzeitschriften grundsätzlich auf den Sender/Herausgeber verweisen und dass dies entweder zwischen den Zeilen – unauffällig und verdeckt – oder offen geschehe (vgl. u. a. Abschnitt 4.3).[65]

Vor diesem Hintergrund wurde für die vorliegende Studie folgende zentrale Forschungsfrage entwickelt:

Wie journalistisch sind Kundenzeitschriften?

Zur Beantwortung dieser übergeordneten Forschungsfrage ist es erforderlich, weitere detaillierte Fragen zu formulieren, wofür insbesondere die Ausführungen des 4. Kapitels wichtige Aspekte liefern. Hier wurden zentrale journalistische Kriterien wie beispielsweise Nachrichtenfaktoren, journalistische Darstellungsformen und zeitschriftenbezogene Gestaltungsmerkmale herausgearbeitet.[66]

So ist grundsätzlich zu ermitteln, ob die vorliegenden Kundenzeitschriften einem Heftkonzept folgen. Dazu werden jeweils alle vier Ausgaben eines Titels auf ihre gleichbleibende Struktur und ihr einheitliches Erscheinungsbild

---

[65] Diese Aussagen finden sich konkret bei Mast (2002, 292) und bei Steinmetz (2004, 62).

[66] Im Rahmen der Inhaltsanalyse können nicht alle im Theorieteil thematisierten journalistischen Kriterien untersucht werden: die Nachrichtenwert-Theorie z. B. ist eine eigene Forschungsdimension, die hier nur am Rande berücksichtigt werden kann, zumal sich diese Theorie vor allem mit aktuellen Berichterstattungsmustern beschäftigt und daher eine Übertragung auf die Kundenzeitschrift nicht ohne weiteres möglich ist. Ebenfalls unberücksichtigt bleibt in dieser Studie die Medienglaubwürdigkeit. Da mittels der Inhaltsanalyse hier nur manifeste Kommunikationsinhalte untersucht werden, lässt sich die Glaubwürdigkeit von Kundenzeitschriften nicht durch sie ermitteln; hier ist vielmehr die Mediennutzungs- sowie die Wirkungsforschung gefragt.

hin beurteilt. Es interessiert in diesem Zusammenhang, ob die Kundenmagazine journalistischen Ordnungsmustern folgen; insbesondere Abschnitt 4.4.3 ist hierfür heranzuziehen: Gibt es in den vorliegenden Kundenzeitschriften Standardseiten? Gibt es also beispielsweise ein Inhaltsverzeichnis, ein Editorial und ein Impressum? Darüber hinaus stellen eine gleichbleibende Heftstruktur sowie eine Rubrizierung der Inhalte wichtige Elemente der Heftdramaturgie dar. Außerdem ist auf der Ebene jedes Artikels zu ermitteln, ob es eine Überschrift, einen Vorspann, Zwischenüberschriften sowie Bildunterschriften gibt.

Journalistische Berichterstattung folgt bestimmten Mustern und Regeln, welche in Kapitel 4 erörtert wurden. Eigen ist der journalistischen Berichterstattung auch, dass sie bewertet, kritisiert, Konflikte und Probleme aufzeigt, die Gesellschaft beobachtet und aus verschiedenen Perspektiven darstellt (vgl. insbesondere Abschnitt 4.2.1). Nun stellt sich die Frage, ob es einen Journalismus in diesem Sinne in Kundenmagazinen gibt: Ist die Berichterstattung in Kundenzeitschriften konfliktbeladen? Werden Kontroversen thematisiert oder wird alles ausschließlich *positiv* dargestellt?

Die Art des Journalismus, die in Kundenzeitschriften zu finden ist, wird als Camouflage-Journalismus bezeichnet (siehe z. B. Abschnitt 4.3.). Das heißt, in Kundenmagazinen werden PR-Themen, also Inhalte, die das Unternehmen, sein Handeln und seine Produkte thematisieren und darstellen, mit unternehmens- bzw. produktfremden Themen kombiniert. Folglich ist zu untersuchen, welche Themen in den vorliegenden Kundenzeitschriften behandelt werden: Sind dies ausschließlich offensichtlich, oder auch versteckt, unternehmensbezogene bzw. produktorientierte Themen, oder bieten Kundenzeitschriften ihren Lesern darüber hinaus auch vom Unternehmen und seinen Produkten unabhängige Inhalte?

In Anlehnung daran soll hier folgende Hypothese aufgestellt werden: Wenn es redaktionelle Beiträge in Kundenzeitschriften gibt, dann haben diese einen Bezug zum Sender.

Von Camouflage-Journalismus ist dann zu sprechen, wenn ein Artikel in Form einer journalistischen Darstellungsform verfasst ist und textbezogene, journalistische Regeln beachtet werden (wie beispielsweise das Vorhandensein von Überschrift, Vorspann usw.), der Inhalt aber gleichzeitig einen Bezug zum Sender aufweist. So ist für die inhaltsanalytische Untersuchung zwischen drei Inhaltsarten in den zu betrachtenden Kundenmagazinen zu unterscheiden:

- PR-Beiträge
- senderaffine Beiträge
- unabhängige Beiträge

Als *PR-Beiträge* gelten die Beiträge, in denen das Unternehmen und/oder seine Produkte und Marken unmittelbarer Handlungsgegenstand sind. Diese Artikel haben das Unternehmen, das Automobil, seine Technik, Ausstattung, Fahrgefühl und -komfort zum Thema und handeln von nichts anderem. Hier wird im Zusammenhang mit dem angesprochenen Konfliktpotenzial (siehe auf der gegenüberliegenden Seite) eine weitere Hypothese aufgestellt: PR-Beiträge haben ein niedriges Konfliktpotenzial, das heißt, dass es in PR-Beiträgen eine *Heile-Welt-Berichterstattung* gibt.

Ein *senderaffiner Beitrag* hat ein vom Unternehmen und seinem Produkt unabhängiges Thema als Schwerpunkt; primär geht es um etwas ganz anderes als das Unternehmen und das Automobil. Im Verlauf des Artikels wird dann doch ein Bezug zum Unternehmen und/oder Produkt hergestellt. In einem solchen Fall spielen das Unternehmen und seine Automobilmarke nur untergeordnet eine Rolle, sind aber präsent. Sie dienen beispielsweise als Aufhänger für den Haupthandlungsträger des Beitrags, bilden den Rahmen der Handlung oder des Ereignisses oder liefern den Einstieg ins Thema. Senderaffinität ist in einem Beitrag also dann gegeben, wenn das Automobil, die Marke oder das Unternehmen völlig losgelöst von dem eigentlichen Inhalt des Artikels erscheint oder darauf verwiesen wird; dies kann sowohl im Text als auch in Abbildungen der Fall sein.

Als *unabhängiger Beitrag* wird ein Artikel bezeichnet, der keinen erkennbaren Bezug zum Unternehmen, seinen Produkten oder seinen Marken aufweist und losgelöst vom Sender *neutral* berichtet und thematisiert.

Von zentraler Bedeutung im Journalismus ist auch die journalistische Qualität. Sollen Kundenzeitschriften glaubwürdig und kompetent erscheinen, so müssen sie auch journalistische Qualitätsmerkmale[67] erfüllen: tun sie dies? Zur Beantwortung dieser Frage wird untersucht, ob die Beiträge eine Akteurs- und Perspektivenvielfalt vertreten und ob Quellen angegeben werden. Die Frage nach den Quellenangaben bezieht sich in dieser Studie auf die Kennzeichnung, wer Verfasser des Artikels und wer Urheber der Abbildungen ist. Außerdem soll in diesem Zusammenhang die Akteursvielfalt analysiert werden: Wer kommt im Artikel zu Wort? Wer ist Handlungsträger? Kommen mehrere Akteure zu Wort? Hier interessiert zudem besonders, auch hinsichtlich der Beurteilung des Konfliktpotenzials, ob die Handlungsträger beispielsweise aus dem Unternehmen stammen oder ausgewiesene Automobil-Experten sind.

Darüber hinaus ist interessant, ob das Qualitätsmerkmal *Vermittlung*, hier insbesondere die *Interaktivität*, in den untersuchten Kundenmagazinen berücksichtigt wird, die den Lesern einen konkreten Nutzen bieten soll: Gibt es Hinweise/Angaben zu weiterführenden Informationen? Werden die Leser aufgefordert Stellung zu beziehen, ihre Meinung zu äußern? Werden Service-Hotlines, Internetseiten usw. offeriert?

Viele CP-Praktiker sind der Auffassung, Anzeigen bereichern die journalistische Anmutung des Kundenmagazins (vgl. hierzu Abschnitt 2.4.2). Die Inhaltsanalyse soll auch Aufschluss darüber geben, inwiefern Fremd- und Ei-

---

[67] Für die Inhaltsanalyse werden nur ausgewählte und operationalisierbare Qualitätskriterien herangezogen. Die journalistischen Qualitätskriterien nach Wyss stellt Abschnitt 4.5.1 dar.

genanzeigen das Bild der Kundenmagazine bestimmen. Eine erste Sichtung des Untersuchungsmaterials hat ergeben, dass sich drei Anzeigen-Typen unterscheiden lassen:[68] *Eigenanzeigen, Fremdanzeigen mit Bezug zum Unternehmen/Produkt* und *Fremdanzeigen ohne Bezug zum Unternehmen/Produkt.*

In dieser Studie werden die vorliegenden Kundenzeitschriften nach journalistischen Kriterien beurteilt. Ziel ist es, die vier Kundenmagazine miteinander zu vergleichen: Welche Unterschiede und Gemeinsamkeiten bestehen zwischen ihnen bezüglich des Einsatzes journalistischer Elemente? Ist abschließend eine Aussage darüber zu treffen, welche der vier Kundenzeitschriften am *journalistischsten* und welche am *PR-lastigsten* ist?

[68] Vergleiche hierzu die Codieranweisung im Codebuch.

# 5 Methodisches Vorgehen

## 5.1 Die Inhaltsanalyse als sozialwissenschaftliche Methode

Die Idee der Inhaltsanalyse[69], Mitteilungen systematisch zu analysieren, geht auf das 18. Jahrhundert zurück. Ab Mitte des 20. Jahrhunderts kam es zur allmählichen Etablierung der Inhaltsanalyse als sozialwissenschaftliche Forschungsmethode. Heute kommt sie in zahlreichen Disziplinen und Wissenschaften zum Einsatz und gehört, neben der Befragung und der Beobachtung, zu den am häufigsten genutzten Datenerhebungsmethoden (vgl. Schulz 2000a, 42 ff.).

Nach Früh (2004, 25) ist die Inhaltsanalyse eine empirische Methode zur „systematischen, intersubjektiv nachvollziehbaren Beschreibung inhaltlicher und formaler Merkmale von Mitteilungen“. Damit verweist Früh auf die wesentlichen Anforderungen, die an die wissenschaftliche Methode der Inhaltsanalyse zu richten sind: Der Analysevorgang muss „reproduzierbar, kommunizierbar und kritisierbar sein“ (ebd., 37). Schulz (2000a, 51) ergänzt, die Untersuchung müsse in jeder Phase so angelegt und dokumentiert sein, dass sie jederzeit wiederholbar sei, auch durch einen anderen Forscher, der dann zu denselben Ergebnissen kommen müsse.

---

[69] Der Begriff *Inhaltsanalyse* ist die Übersetzung des von Bernard Berelson geprägten Begriffs „Content Analysis“ (vgl. Schulz 2000a, 41).

Einen wesentlichen Vorteil der Inhaltsanalyse sieht Früh (2004, 39) darin, dass sie fixierte Inhalte untersucht. Somit ist einerseits die Unabhängigkeit des Forschers von Versuchspersonen gewährleistet, anderseits ist die Unveränderbarkeit des zu analysierenden Materials sichergestellt. So erlaubt die Inhaltsanalyse auch Aussagen über nicht anwesende oder nicht mehr erreichbare Kommunikatoren und Rezipienten.

Der wichtigste methodische Schritt der Inhaltsanalyse ist die Bildung von *Kategorien*, die das „Herzstück" (Schulz 2000a, 53) der Inhaltsanalyse darstellen. Auch nach Berelson gilt: „Content Analysis stands or falls by its categories" (Berelson zit. n. Merten 1995, 147). Als *Kategorien* werden die formalen und inhaltlichen Kriterien bezeichnet, „die an das Untersuchungsmaterial angelegt werden" (Rössler 2005, 19). Das heißt, mit der Bildung von Kategorien und deren Ausprägungen wird festgelegt, „welche Merkmale von Mitteilungen untersucht werden und wie das zu geschehen hat" (Schulz 2000a, 53). Die Gesamtheit aller Kategorien wird im so genannten *Kategoriensystem* erfasst (vgl. Rössler 2005, 19). Weiterhin ist für die Inhaltsanalyse ein *Codebuch* zu erstellen, welches das eigentliche Arbeitsinstrument des Codierers darstellt. Es beinhaltet u. a. die Codieranweisungen, die Definitionen der Analyseeinheiten sowie das Kategoriensystem (vgl. ebd., 87 f.).

Die Entwicklung der Kategorien erfolgt entweder durch ein theoriegeleitetes oder durch ein empiriegeleitetes Vorgehen: Beim theoriegeleiteten Vorgehen sind die Fragestellung und die Hypothesen als Ausgangspunkt der Kategorienbildung zu sehen, während beim empiriegeleiteten Vorgehen die Kategorien aufgrund einer „impressionistischen Durchsicht" (Schulz 2000a, 53) gebildet werden.[70] In der vorliegenden Studie werden beide Vorgehensweisen zur Bildung der Kategorien kombiniert.

Nach Auffassung von Merten (1995, 147 f.) sind an das inhaltsanalytische Kategoriensystem folgende Anforderungen zu stellen:

---

[70] Zum empirie- und theoriegeleiteten Vorgehen vergleiche auch Rössler (2005, 37).

- Das Kategorienschema soll mit den Zielen der Untersuchung korrespondieren.
- Das Kategorienschema soll vollständig sein, d. h. es soll die Erfassung aller möglichen Inhalte gestatten.
- Die Kategorien sollen wechselseitig exklusiv angelegt und voneinander unabhängig sein.
- Die Kategorien sollen einem einheitlichen Klassifikationsprinzip genügen und eindeutig definiert sein.

Die hier zu bearbeitenden Forschungsfragen lassen sich mittels der Inhaltsanalyse untersuchen. Gemäß der einzelnen Fragen wurden Kategorien mit entsprechenden Ausprägungen entwickelt, welche nun – im eigentlichen Analyseprozess – auf das Untersuchungsmaterial angewendet werden.

## 5.2 Untersuchungsgegenstand

Bei der Auswahl des Untersuchungsgegenstands war die Heterogenität zu beachten, die den Kundenzeitschriftenmarkt auszeichnet (vgl. Abschnitt 2.2). Auch die Automobilindustrie ist im Kundenzeitschriftensegment traditionell stark vertreten.[71] Zudem gibt es kaum einen Automobilhersteller, der kein Kundenmagazin herausgibt (vgl. Weichler und Endrös 2005, 67). Um den Untersuchungsgegenstand weiter einzugrenzen, fiel die Wahl auf das Premium-Segment der Automobilindustrie. Dieses Segment umfasst die Marken Au-

[71] Ebenfalls stark vertreten sind die Finanz- und Versicherungswirtschaft sowie die IT- und Telekommunikationsbranche (vgl. Studie Kosten und Organisation 2005, 14). Auch nach Angaben der Zimpel-Datenbank gehört die Automobilindustrie (Automobil, Motorrad und Zulieferer) zu den drei aktivsten Branchen im CP-Bereich (vgl. Zimpel 2005, 23 f.).

di, BMW, Mercedes-Benz und Porsche.[72] Jeweils vier Ausgaben dieser vier Kundenzeitschriften werden für die folgende Inhaltsanalyse herangezogen.

### 5.2.1 Die Kundenzeitschrift in der Automobilbranche

Für die starke Präsenz der Automobilindustrie im Kundenzeitschriftenmarkt gibt es mehrere Gründe: zum einen liegen diese beim Produkt selbst; Automobile sind hochpreisige Güter, und dauerhafte Kundenbeziehungen sind für die Hersteller sehr wertvoll (vgl. Studie Kosten und Organisation 2005, 14). Zum anderen liegen lange Zeitspannen zwischen den Autokäufen, sodass die Kundenkontaktpflege besonders wichtig ist. Nach Auffassung von Mast u. a. (2005, 187) hat gerade die Automobilbranche ein Interesse daran, kontinuierlich mit ihren Kunden zu kommunizieren. Markenkultur und Image müssen ständig präsent sein, neue Modelle und technische Innovationen müssen vorgestellt werden, damit der Kunde den Kontakt zum Unternehmen und zur Marke zwischen den Autokäufen nicht verliert. Hier kann die Kundenzeitschrift durch ihr periodisches Erscheinen sowie durch die Vermittlung unternehmenskonformer Botschaften ihre Stärken entfalten.

Außerdem ist die Anschaffung eines teuren Investionsguts – z. B. eines Automobils – informationsaufwändiger und folgenreicher als dies bei einfachen Produkten, die routinemäßig im Alltag erworben werden, der Fall ist (vgl. ebd., 5). Im Vorfeld des Autokaufs haben Interessenten folglich ein besonders großes Informationsbedürfnis und möchten ihre risikobehaftete Entscheidung abgesichert wissen.[73] Szyszka (2004a, 184 f.) spricht in diesem Fall von ei-

[72] Nach Angaben der Horst Decker Mediaservice GmbH gehören die Marken Audi, BMW, Mercedes-Benz und Porsche zum Premium-Segment der Automobilhersteller. Aus diesem Grund wurde bereits 1999 eine Anzeigenverkaufsbroschüre herausgegeben, die die Kundenmagazine dieser vier Marken sowie ihre Leserdaten vorstellt (Marian Philipp Pracht, Horst Decker Mediaservice GmbH, per E-Mail 08.06.2006).

[73] Szyszka (2004, 184 f.) betont in diesem Zusammenhang, dass Automobilkonzerne generell sowohl auf eine hohe Produktpublizität in Publikumsmedien wie auch auf fachliche

ner *high-involvement-Entscheidung*: Demnach hat der Kunde besonders beim Autokauf auf drei Ebenen eine Entscheidung zu treffen: auf finanzieller und technischer Ebene sowie auf der Status-Ebene.

Die Status-Ebene spielt beim Kauf eines Automobils eine herausragende Rolle. Gerade im Premium-Segment bestimmen homogene Produkte mit nahezu identischer, technischer Ausstattung den Markt. Die Entscheidung für eine bestimmte Auto-Marke symbolisiert eine Lebenseinstellung, eine Haltung, die der Umwelt demonstriert werden soll. Aufgrund dieses aufwändigen Entscheidungsprozesses einerseits und der zunehmenden Angleichung der Produkte aneinander anderseits, tragen Aspekte wie Marke und Image oder auch die Reputation des Herstellers immer mehr zur Kaufentscheidung bei (vgl. Mast u. a. 2005, 5). Aus diesem Grund bezeichnet Rolke (2002, 13) das Auto auch als „symbolisch hoch besetztes Produkt". Seiner Meinung nach zählt hier weniger das Produkt und sein Preis als vielmehr die Marke und das ihr entgegengebrachte Vertrauen: verkauft wird also indirekt über Marke und Image.

Da die Marke und das Image des Herstellers zunehmend zum kaufentscheidenden Faktor werden, ist der Einsatz einer Kundenzeitschrift aus verschiedenen Gründen ratsam. Ihr regelmäßiges Erscheinen und die kostenfreie Zusendung intensivieren den individuellen Kontakt zum Kunden. Gleichzeitig wird dem Kunden auf diese Weise Wertschätzung seitens des Unternehmens sowie Zugehörigkeit zum Unternehmen vermittelt. Zudem bietet ihm das Kundenmagazin exklusive Informationen rund um *seine* Marke, was zu einer Emotionalisierung der Kundenbeziehung beitragen kann.

---

Präsenz in Fachmedien angewiesen seien. So würden – und auch hier ist der Autokauf wieder ein geeignetes Beispiel – potenzielle Käufer, um die beschriebenen Risiken zu minimieren, sich vorab in Fachmedien informieren. Fachjournalisten gelten in diesem Fall als Experten und Meinungsführer. Ihre Meinung gilt als „unabhängiges, sachbezogenes Urteil" (ebd., 185).

| | |
|---|---|
| Herausgeber | Audi AG |
| Verlag | corps. Corporate Publishing Services GmbH |
| verbreitete Auflage | 431 620[a] |
| Erscheinungsweise | vierteljährlich |
| Copy-Preis | 5,50 € |
| Anzeigenpreis 1/1 4c | 12 900 € |
| Heftformat | 230 mm × 300 mm |

[a] lt. IVW 1/2006

**Abb. 5.1:** Audi Magazin (Ausgabe 4/05)

*Quelle:* Eigene Darstellung

Weichler und Endrös (2005, 143) betonen, dass die Automobilbranche mit ihren Kundenmagazinen „neben dem Auto immer noch ein Stück Lebensgefühl" verkaufen möchte. Danach hat die Kundenzeitschrift hier die Aufgabe, das Markengefühl zu transportieren. Inhaltlich bieten diese Kundenmagazine daher „in der Regel eine Melange aus Reportagen, Bildstrecken und nutzwertigen Reiseteilen" (ebd.).

### 5.2.2 Kurzportrait der Untersuchungsobjekte

Das **Audi Magazin** (vgl. Abb. 5.1) besteht seit 1995 und ist damit das jüngste Magazin im Premium-Segment. Die deutsche Ausgabe erscheint in einer durchschnittlichen Auflage von 425 000 Exemplaren viermal jährlich. In über 30 Ländern gibt es nationale Ausgaben des Kundenmagazins (vgl. Finke 2005, 82 f.). A Plus-Kunden[74] bekommen das Audi Magazin kostenfrei ins Haus.

[74] Den Kunden des Audi A Plus Programms werden eine Vielzahl von Sonderkonditionen rund um das Produkt Auto und die Marke Audi zugestanden. Außerdem erhalten diese

Auch das **BMW Magazin** (vgl. Abb. 5.2 auf der folgenden Seite) hat sich internationalisiert und erscheint heute in 31 Sprachversionen (vgl. Laakmann 2005, 125). Mit einer Gesamtauflage von 2,6 Mio Exemplaren erscheint die Kundenzeitschrift in 117 Ländern (vgl. Hoffmann und Campe Corporate Publishing 2006). Die deutsche Ausgabe hat eine durchschnittliche Auflage von 400 000 Exemplaren. Ein kleiner Anteil davon wird in ausgewählten Verkaufsstellen des Presseeinzelhandels angeboten, während der Großteil der deutschen Auflage an die privaten BMW-Neuwagenkäufer versandt wird (vgl. Jahreszeitenverlag 2006).

**Christophorus – Das Porsche Magazin** (vgl. Abb. 5.3 auf der nächsten Seite) existiert bereits seit 1952.[75] Damit gehört es zu den ersten Kundenzeitschriften in der internationalen Automobilbranche. Mittlerweile hat der christophorus[76], der in fünf Sprachen (Deutsch, Englisch, Französisch, Italienisch und Spanisch) erhältlich ist und im Zwei-Monats-Rhythmus erscheint, eine durchschnittliche Gesamtauflage von 265 000 Exemplaren; die deutschsprachige Auflage liegt bei durchschnittlich 95 000 Exemplaren (vgl. Hunger 2005, 73 ff.). Die Porsche Zentren und Porsche Importeure kaufen das Magazin von der Porsche AG und verteilen es an ihre Kunden. Porsche-Neuwagenkäufer bekommen ein kostenloses Abonnement; die Hefte werden den Kunden adressiert zugeschickt (vgl. Z&S Mediateam GmbH 2006). Im Gegensatz zu den drei anderen hier zu betrachtenden Kundenzeitschrift, die alle von einem externen CP-Dienstleister erstellt werden, wird der christophorus „inhouse“ produziert (vgl. Hunger 2005, 78).

---

Kunden bei diversen Kooperationspartnern Vergünstigungen sowie spezielle Angebote (vgl. Audi AG 2006).

[75] Die Serienfertigung des ersten Porsche begann 1950. Dementsprechend klein war zwei Jahre später die Zahl der Porsche-Besitzer und damit die Auflage des Kundenmagazins (vgl. Hunger 2005, 73 f.).

[76] Die Macher des Porsche-Kundenmagazins sprechen selbst von *dem* christophorus (vgl. Hunger 2005), was auch in dieser Studie übernommen wird.

| | |
|---|---|
| Herausgeber | BMW – Bayerische Motorenwerke AG |
| Verlag | Hoffmann und Campe Verlag GmbH |
| verbreitete Auflage | 568 743 [a] |
| Erscheinungsweise | vierteljährlich |
| Copy-Preis | 5,00 € |
| Anzeigenpreis 1/1 4c | 14 300 € |
| Heftformat | 215 mm × 280 mm |

[a] lt. IVW 1/2006

**Abb. 5.2:** BMW Magazin (Ausgabe 4/05)

*Quelle:* Eigene Darstellung

| | |
|---|---|
| Herausgeber | Dr. Ing. h. c. F. Porsche AG |
| Verlag | Dr. Ing. h. c. F. Porsche AG |
| verbreitete Auflage | 91 000 [a] |
| Erscheinungsweise | zweimonatlich |
| Copy-Preis | 6,00 € |
| Anzeigenpreis 1/1 4c | 9 800 € |
| Heftformat | 215 mm × 280 mm |

[a] lt. Zimpel (2005)

**Abb. 5.3:** christophorus – Das Porsche Magazin (Ausgabe Februar/März 05)

*Quelle:* Eigene Darstellung

| | |
|---|---|
| Herausgeber | DaimlerChrysler AG |
| Verlag | Premiumcom Germany Ltd. |
| verbreitete Auflage | 671 953 [a] |
| Erscheinungsweise | vierteljährlich |
| Copy-Preis | 6,00 € |
| Anzeigenpreis 1/1 4c | 19 943 € |
| Heftformat | 215 mm × 280 mm |

[a] lt. IVW 1/2006

**Abb. 5.4:** Mercedesmagazin (Ausgabe 4/05)

*Quelle:* Eigene Darstellung

Das **Mercedesmagazin** (vgl. Abb. 5.4) erscheint mittlerweile im 51. Jahrgang. Weltweit gibt es, mit Lizenz- und Kooperationsausgaben, Ausgaben in 30 Sprachversionen. Pkw-Neuwagenkunden der Marke Mercedes-Benz sowie Mercedes-Card-Inhaber erhalten das Magazin kostenfrei im Abonnement.[77]

Abschließend sei noch erwähnt, dass drei der hier portraitierten Automobil-Kundenmagazine beim diesjährigen *Best of Corporate Publishing-Award* in der Kategorie B2c/Automobil eine Auszeichnung erhalten haben: Sowohl das Audi Magazin als auch das BMW Magazin und das Mercedesmagazin wurden mit dem begehrten Preis der CP-Branche ausgezeichnet (FCP 2006b).

## 5.3 Pretest

Die intersubjektive Nachvollziehbarkeit ist bei der Durchführung der Inhaltsanalyse von zentraler Bedeutung. Damit ist gemeint, dass auch ein unabhängi-

[77] Von der Marke Mercedes-Benz erscheinen außerdem *Transport – das Magazin für die mobile Wirtschaft*, *Route – das Magazin für Lkw-Fahrer*, *Omnibus – das Magazin für Menschen in Bewegung* und *Mercedes-Benz Classic* (vgl. Mercedes-Benz 2006).

ger Codierer zum annähernd selben Ergebnis kommen sollte wie der eigentliche Codierer (vgl. hierzu auch Abschnitt 5.1). Mittels eines Pretests soll daher vorab die Verlässlichkeit des Codebuchs und die der Codieranweisungen überprüft werden. Dafür darf auf keinen Fall das eigentliche Untersuchungsmaterial verwendet werden, es muss sich jedoch um vergleichbares handeln (vgl. Rössler 2005, 169).[78]

Für den Pretest wurde ein Helfer gewählt, der sich mit der vorliegenden Thematik nicht auskennt und der nur zum Zweck des Pretests das Codebuch als Analyseinstrument auf das Untersuchungsmaterial anwendete.

Zur heftbezogenen Untersuchung wurden zwei Hefte vollständig mit insgesamt 46 Fragen codiert (23 Variablen je Heft). Mit 42 Übereinstimmungen ergab sich eine Intercoderreliabilität $I$[79] von $I = \frac{42}{46} = 0,91$. Diese hohe Übereinstimmung ist vor allem darauf zurückzuführen, dass die überwiegende Anzahl der heftbezogenen Variablen sehr leicht eindeutig zuzuordnen ist.[80]

Fehler traten bei der Codierung von *Fremdanzeigen mit* bzw. *ohne Bezug zum Unternehmen/Produkt* (insgesamt 10 Variablen je Heft) auf. Die Übereinstimmung lag nur bei $I = \frac{16}{20} = 0,80$. Die Codieranweisungen für diese beiden Anzeigentypen waren nicht ausreichend präzise formuliert: so war unklar, wie mit branchenbezogenen Fremdanzeigen zu verfahren ist; z. B. hat die Anzeige eines Reifenherstellers grundsätzlich keinen Bezug zu einer bestimmten Automobil-Marke, sondern lediglich zur Automobilbranche allge-

---

[78] Beim Pretest kamen je eine ältere Ausgabe des BMW Magazins und des Mercedesmagazins zum Einsatz.

[79] Die Intercoderreliabilität misst die Übereinstimmung zwischen den Ergebnissen verschiedener Codierer und ergibt sich als Quotient aus übereinstimmenden Codierungen und der Anzahl aller Codierungen (vgl. Brosius und Koschel 2001, 183).

[80] Bei den Variablen *Titel*, *Ausgabe*, *Heftumfang* und *Anzahl Eigenanzeigen* ergaben sich keine Abweichungen; ebensowenig bei den Variablen *Rubriken*, *Editorial* und *Inhaltsverzeichnis*, bei denen lediglich *vorhanden* oder *nicht vorhanden* zu codieren war.

mein. Hier wurde präzise formuliert, dass solche Anzeigen als *Fremdanzeigen ohne Unternehmens-/Produktbezug* zu codieren sind.

Im Rahmen des artikelbezogenen Pretests wurden 16 Artikel untersucht, 8 aus jeder der beiden Pretest-Ausgaben. Mit 22 Variablen in der artikelbezogenen Untersuchung wurden also insgesamt 352 Codierungen vorgenommen. Mit insgesamt 34 Abweichungen ergab sich hier eine Intercoderreliabilität von $I = \frac{318}{352} = 0,90$. An dieser Stelle lässt sich die große Übereinstimmung insgesamt wieder auf solche Variablen zurückführen, die ein geringes Fehlerpotenzial in sich bergen wie *V9*, *V11*, *V12.1-V12.4*, *V13* und *V14*.

Als Fehlerquellen stellten sich insbesondere die Variablen *V10*, *V12.5*, *V17*, *V18* und *V19* heraus. So ergaben sich beispielsweise für die Variable *V10* (journalistische Darstellungsformen) 8 Abweichungen bei 16 untersuchten Artikeln, also $I = \frac{8}{16} = 0,5$. Hier traten besonders bei der Zuordnung eines Beitrags zu den Textgattungen *Bericht*, *Reportage* und *Feature* Schwierigkeiten auf. Aufgrund dessen wurde eine *Hybridform* im Codebuch aufgenommen. Diese wird codiert, wenn Merkmale aller drei Textgattungen vorkommen und deshalb eine eindeutige Zuordnung zu einer der drei Darstellungsformen nicht möglich ist.[81]

Für die Variable *V12.5* (Abbildungsunterschrift) ergaben sich 5 Abweichungen, $I = \frac{11}{16} = 0,69$. Auch hierzu wurden die Codieranweisungen noch einmal präzisiert, weil unklar war, was zu codieren ist, wenn in einem Beitrag nicht zu jeder Abbildung eine eigene Abbildungsunterschrift vorhanden ist bzw. wenn aus der Abbildungsunterschrift nicht eindeutig hervorgeht, auf welche Abbildungen sie sich bezieht.

Für die Variablen *V18* und *V19* lag die Intercoderreliabilität bei $I = \frac{12}{16} = 0,75$ bzw. bei $I = \frac{13}{16} = 0,81$. Da bei diesen Variablen die subjektive Beurteilung des Codierers nicht vollständig auszuschließen ist, wird das Ergebnis des Pretests hier als akzeptabel eingestuft.

---

[81] Vergleiche hierzu auch Abschnitt 4.4.2.

# 6 Auswertung und Ergebnispräsentation

In diesem Kapitel erfolgt die Präsentation der Ergebnisse der inhaltsanalytischen Untersuchung sowie deren Interpretation und Einbettung in den theoretischen Rahmen dieser Studie.

Der erste Abschnitt beschreibt die Ergebnisse der heftbezogenen Untersuchung. Hier geht es vornehmlich um formale Aspekte wie journalistische und zeitschriftenbezogene Strukturmerkmale sowie um die Analyse der Anzeigen. Hierzu wurde jeweils das gesamte Heft herangezogen.

Abschnitt 6.2 widmet sich der Auswertung der Untersuchung auf Artikelebene. Grundlage der Inhaltsanalyse sind hier einzelne redaktionelle Beiträge, die nach bestimmten journalistischen Kriterien untersucht wurden.

Ziel der Untersuchung ist es, die Kundenzeitschriften der Automobilhersteller Audi, BMW, Porsche und Mercedes-Benz miteinander zu vergleichen. Es sollen u. a. Unterschiede und Gemeinsamkeiten hinsichtlich der Verwendung journalistischer Merkmale sowie hinsichtlich inhaltlicher Schwerpunkte herausgestellt werden. Zur Sprache kommen dabei auch Aspekte, die nicht explizit über Kategorien in der Inhaltsanalyse abgefragt wurden, die aber bei der Untersuchung aufgefallen sind.

## 6.1 Heftbezogene Untersuchung

Bevor die Ergebnisse der heftbezogenen Untersuchung präsentiert und diskutiert werden, ist einleitend festzuhalten, dass die vorliegenden Kundenzeitschriften von Audi, BMW, Porsche und Mercedes-Benz in ansprechender Optik erscheinen: Bildmaterial und Layout sind hochwertig, ebenso die Papierqualität und die Verarbeitung in Form einer Klebebindung. Ihr äußeres Erscheinen ähnelt weder Werbeprospekten noch Produktkatalogen, sondern vielmehr journalistisch professionell erstellten Zeitschriften.[82]

### 6.1.1 Heftaufbau

#### Audi Magazin

Die heftbezogene Untersuchung hat ergeben, dass im Audi Magazin die drei Standardseiten *Editorial*, *Inhaltsverzeichnis* und *Impressum* vorhanden und jeweils an der gleichen Stelle im Heft zu finden sind. Das Editorial bildet dabei den Heft-Einstieg auf der dritten Seite. Es dient dazu, den Lesern einen zusammenfassenden Überblick über die Inhalte der jeweiligen Ausgabe zu geben.

Auf die dritte Seite folgt das zweiseitige Inhaltsverzeichnis, das die Rubriken *automobil*, *technik*, *wissen*, *A plus* und *leben* aufweist. Dadurch, dass jede Rubrik mit den so genannten *News*-Seiten, einer Seite oder einer Doppelseite Meldungen und Kurznachrichten rund um das Unternehmen Audi, eingeleitet wird, erfüllt das Audi Magazin die Forderung von Brielmaier und Wolf, kurze und lange Beiträge im Wechsel aufeinander folgen zu lassen (vgl. hierzu Abschnitt 4.4.3 auf Seite 70).

[82] Mast u. a. (2005, 183) zählen die Kundenzeitschriften der Automobilhersteller aufgrund ihrer professionellen und hochwertigen Aufmachung und Verarbeitung zu den *qualitativen* Kundenmagazinen (vgl. hierzu auch Abschnitt 2.3.2 auf Seite 19).

Eine deutlich erkennbare Heftstruktur bekommt das Audi Magazin u. a. auch durch sein *Leitthema*, das sich, durch rote Schriftfarbe gekennzeichnet, wie „ein roter Faden“ (Audi Magazin 4/05, Seite 4) durch das gesamte Heft zieht. Dieses Leitthema wird stets auf der Titelseite angekündigt.

Auf das Inhaltsverzeichnis folgt direkt die Rubrik *automobil*, die mit den *News*-Seiten beginnt. Dann kommt die Titelgeschichte, die ebenfalls der Rubrik *automobil* angehört. An das Titelthema schließt jeweils das Gewinnspiel an, dessen Fragen sich auf die Titelgeschichte beziehen.

Ausgabe 2/06 des Audi Magazins stellt eine Ausnahme dar; sie wurde komplett relauncht (vgl. FCP 2006e). Editorial, Inhaltsverzeichnis und Impressum sind weiterhin vorhanden, allerdings wurde das Inhaltsverzeichnis umgestaltet und umfasst nur noch eine Seite. Eine Änderung gab es auch bei der Rubrizierung: Die Rubriken heißen jetzt *bewegen*, *entdecken*, *begegnen*, *erleben* und *A plus*. Es gibt weitere kleine Sektionen, die als Unterbrechung zwischen den langen Beiträgen auftauchen. Der Name der jeweiligen Rubrik findet sich auf den entsprechenden Seiten neben der Seitenzahl im Heft wieder, sodass der Leser immer weiß, welcher Rubrik der jeweilige Beitrag angehört.

Neben Editorial und Inhaltsverzeichnis zählt auch das *Impressum* zu den journalistischen Standardseiten; es ist ebenfalls im Audi Magazin zu finden – immer auf der letzten Seite im Heft. Entsprechend der presserechtlichen Bestimmungen werden hier Angaben zum Herausgeber, zur Redaktion, zum Druck- und Verlagsort sowie zu den Verantwortlichen für die Anzeigen gemacht. Zusätzlich bietet das Audi Magazin seinen Lesern auf dieser Seite einen besonderen Service: Die Leser werden aufgefordert, ihre Meinung zu äußern, ihre Anregungen und Themenwünsche dem Team des Audi Magazins mitzuteilen. Außerdem gibt es eine Vorschau zu den Themen des nächsten Heftes sowie die Auflösung des Gewinnspiels aus dem letzten Heft.

## BMW Magazin

Das BMW Magazin hat ebenfalls eine deutlich erkennbare Heftstruktur, die sich in allen vier Ausgaben wiederfindet. Die dritte Seite trägt hier den Namen *Intern*, übernimmt aber klassische Editorial-Funktionen, das heißt, hier werden überblickartig inhaltliche Highlights der jeweiligen Ausgabe präsentiert.

Es folgt ein zweiseitiges *Inhaltsverzeichnis*. Das BMW Magazin hat keine Rubriken wie es sie beispielsweise im Audi Magazin gibt. Dennoch unterteilt sich der Inhalt in ein *Titelthema*, eine Sektion *Themen*, welche den größten Umfang des Heftes einnimmt, sowie in einen dritten Abschnitt mit dem Titel *Rubriken*. Unter *Rubriken* taucht in allen vier betrachteten Ausgaben auf: *Top Shot*, grundsätzlich zwischen Inhaltsverzeichnis und den *News*-Seiten platziert, auf welche wiederum immer das Titelthema folgt. Die *Top Shot*-Seite zeigt eine doppelseitige Fotografie mit kuriosen Motiven der BMW-Produktpalette.[83] Außerdem vertreten sind durchweg die Seiten *Hin und Weg*, auf denen neue Restaurants, Bars und Hotels vorgestellt werden, sowie *BMW Deutschland* und *Mein BMW*. In *Mein BMW* werden *Menschen wie du und ich* portraitiert – also keine Prominenten oder berühmten Persönlichkeiten – die als BMW-Liebhaber bezeichnet werden können.

In den Ausgaben 1/06 und 2/06 gibt es zudem die Rubrik *Traumjobs: Ein Tag mit...*, die Menschen mit außergewöhnlichen beruflichen Aufgaben in ihrem Arbeitsalltag zeigt. In beiden Ausgaben haben die Portraits einen Bezug zum Automobil oder die Person hat direkt mit der Marke BMW zu tun.

*Impressum* und Vorschau befinden sich – wie auch im Audi Magazin – auf der letzten Seite des Heftes. Das Impressum entspricht den presserechtlichen Vorgaben. Die Vorschau, die die obere Hälfte dieser Seite einnimmt, kündigt immer zwei Themen der kommenden Ausgabe sowie den Erscheinungsmo-

---

[83] Was im BMW Magazin *Top Shot* heißt, ist im christophorus die Doppelseite *Ein Auge auf...* (siehe auch Seite 104).

nat an. Das BMW Magazin erfüllt das Postulat, kurze und lange Beiträge im Wechsel folgen zu lassen, ebenso wie das Audi Magazin.

## christophorus – Das Porsche Magazin

Das *Editorial* im christophorus zeigt ein Foto der Chefredakteurin. Eine direkte Adressierung an die Leser durch beispielsweise „Liebe Leserinnen und liebe Leser" erfolgt nicht. Das Editorial steht, in den betrachteten Ausgaben, immer unter einem bestimmten Motto, welches sich entweder auf die Titelgeschichte der jeweiligen Ausgabe bezieht, ein aktuelles Ereignis aus dem Porsche-Umfeld aufgreift oder aber Branchen-Events wie die IAA oder den Genfer Autosalon zum Thema hat. Diese Vorgehensweise erinnert an Kaufzeitschriften, deren Editorial oftmals auch ein Mitglied der Chefredaktion zeigt, das die Leser meist direkt anspricht und sich zu einem aktuellen oder bedeutenden Thema äußert.

Auf das Editorial folgt das doppelseitige *Inhaltsverzeichnis*. Eine Rubrizierung ist erkennbar, sie variiert allerdings stark von Ausgabe zu Ausgabe. Wiederkehrende Rubriken in den vier vorliegenden Ausgaben von christophorus sind *Unternehmen*, *Porsche Deutschland*, *Historie*, *Technik*, *Sport* und *Genuss*. Der Name der Rubrik, unter der der jeweilige Beitrag erscheint, taucht in einer Dachzeile zu Beginn des Beitrags auf, sodass der Leser weiß, welcher Rubrik der Artikel angehört. Einige Rubriken umfassen genau einen Beitrag, während andere bis zu drei Beiträge umfassen.

Als weitere heftbestimmende Sektionen sind hier zu nennen *Nachrichten* (diese Sektion schließt direkt an das Inhaltsverzeichnis an), *Porsche Tequipment*, *Porsche Design Driver's Selection* (beides Service-Seiten), *Magazin* und *Ausblicke*. *Ausblicke* ist die jeweils letzte Seite im Heft. Hierbei handelt es sich um ein formatfüllendes Foto, das grundsätzlich ein Porsche-Modell in einer prominenten Umgebung (z. B. ein Porsche vor dem Kölner Dom oder vor der Alten Oper in Frankfurt/Main) zeigt.

In den beiden Ausgaben des Jahres 2005 gibt es im christophorus die Rubrik mit dem Namen *Mitfahrgelegenheit*: Ähnlich wie die Standardseite *Mein BMW* im BMW Magazin werden hier Menschen vorgestellt, die eine besondere Leidenschaft zu ihrem Porsche pflegen. Diese Seite entfällt in den Ausgaben 1/06 und 2/06; statt dessen folgt hier direkt auf das Inhaltsverzeichnis die Doppelseite *Ein Auge auf...*, die vergleichbar mit der *Top Shot*-Seite im BMW Magazin ist.

## Mercedesmagazin

Im Vergleich mit den drei anderen Titeln nimmt das Mercedesmagazin hinsichtlich des Editorials eine Sonderstellung ein: ein Editorial im klassischen Sinne gibt es hier nicht. Auf der dritten Seite – *spirit* genannt – die die prominente Stelle für das Editorial ist, kommt hier weder der Chefredakteur oder der Herausgeber zu Wort, noch werden inhaltliche Highlights der jeweiligen Ausgabe angepriesen. Statt dessen wird dem Leser auf dieser Seite grundsätzlich eine Persönlichkeit (z. B. Katarina Witt oder Georg Baselitz) vorgestellt: ein kurzer Lebenslauf, ein Foto der Person (mindestens halbseitig) sowie ein Statement von ihr. Zudem wird erwähnt, welches Mercedes-Benz-Modell diese Person seit wie vielen Jahren fährt. Dazu sei angemerkt, dass hier die Strategie dahinter stehen könnte, ähnlich wie bei einem Portrait[84], das Image dieser bekannten Person auf die Marke Mercedes-Benz übertragen zu wollen. Da erwähnt wird, dass die Person einen Mercedes-Benz fährt, soll durch sie bestätigt werden, dass es sich um ein *gutes* Automobil handelt.

Auch hinsichtlich der Titelseite sticht das Mercedesmagazin hervor: Im Gegensatz zu den anderen drei Kundenzeitschriften, bei denen grundsätzlich das Automobil das dominierende Motiv der Titelseite ist, fügt sich das jeweilige Mercedes-Benz-Modell auf dem Titel des Magazins in eine Landschaft ein und nimmt einen vergleichsweise kleinen Raum in Anspruch. Dabei integriert

[84] Zur Darstellungsform *Portrait* vergleiche Abschnitt 4.4.2.

sich der Automobil in seine Umgebung und drängt sich optisch nicht in den Vordergrund.[85]

Auch das Mercedesmagazin hat ein *Inhaltsverzeichnis* (zweiseitig) mit den konstant auftretenden Rubriken *Excellence*, *Performance*, *Emotion*, *On Location*, *Innovation*, *Navigation* und *News & Facts*, die jeweils ein bis drei redaktionelle Beiträge umfassen. Weitere, gleichbleibende Rubriken sind *Spirit* (Seite 3), *Monitor*, *Close Up*, *Holiday* und *Vision*. Letztere heißt seit Ausgabe 1/06 *Hot Spot*.

Die Heftordnung des Mercedesmagazins erweist sich ebenfalls als konstant. So folgt auf das Inhaltsverzeichnis der Abschnitt *Monitor*, der jeweils fünf oder sechs Seiten mit ein- oder zweiseitigen Beiträgen liefert. Daran schließt immer die Titelgeschichte unter der Rubrik *Excellence* an, in der grundsätzlich ein Mercedes-Benz-Modell vorgestellt wird, welches gleichzeitig die Titelseite schmückt.

Die Rubriken *Monitor*, *Close Up* und *Holiday* mit kurzen Beiträgen sind zwischen den umfassenden Beiträgen positioniert, sodass sich auch für das Mercedesmagazin der alternierende Wechsel von kurzen und langen Artikeln feststellen lässt.

Auch im Mercedesmagazin fehlt das *Impressum* nicht. Es befindet sich mittig im Heft und entspricht ebenfalls den presserechtlichen Bestimmungen.

Die Ausführungen haben gezeigt, dass der Heftaufbau aller vier Kundenzeitschriften im Wesentlichen als *journalistisch* beschrieben werden kann: so erfüllen sie sowohl zeitschriftenbezogene, dramaturgische und gestalterische Anforderungen als auch presserechtliche Vorgaben (siehe Impressum). Es gibt zeitschriftentypische Standardseiten, Titelthemen und Service-Seiten. Die Magazine bieten ihren Lesern Unterhaltung, Information und Service.

---

[85] Ein repräsentatives Beispiel hierfür ist das in Abschnitt 5.4 auf Seite 95 abgebildet Cover der Mercedesmagazin-Ausgabe 4/05.

Abschnitt 6.2 wird klären, inwiefern die einzelnen Beiträge in ihrer Aufmachung und inhaltlichen Ausrichtung als journalistisch zu bezeichnen sind.

### 6.1.2 Anzeigen

Neben den formalen, journalistischen Kriterien und Ordnungsmustern wurde auch die Anzeigenstruktur in den vorliegenden Kundenzeitschriften untersucht. Hintergrund dafür ist die Grundsatz-Debatte um Anzeigen in Kundenmagazinen, die in Abschnitt 2.4.2 angesprochen wurde.

Bereits eine erste Sichtung des Untersuchungsmaterials ergab, dass es drei Typen von Anzeigen[86] in den vorliegenden Kundenzeitschriften gibt. Einen zusammenfassenden Überblick sowohl über das Verhältnis von Anzeigenanteil zu redaktionellem Anteil als auch über die Verteilung der Anzeigen auf die drei Anzeigentypen in den vier untersuchten Kundenzeitschriften liefert Abbildung 6.1 auf der gegenüberliegenden Seite.

Hier fällt zunächst auf, dass das Audi Magazin, das BMW Magazin sowie das Mercedesmagazin vom Umfang her jeweils etwa gleich viele Anzeigen bezogen auf den Heftumfang enthalten, während es im christophorus nahezu doppelt so viele sind.

Bezüglich des ersten Typs von Anzeigen – *Eigenanzeigen* – hebt sich das Mercedesmagazin deutlich von den drei anderen Magazinen ab: Hier nehmen die *Eigenanzeigen* dreimal so viel Platz ein wie im christophorus und sogar fünfmal so viel wie im Audi Magazin. Im BMW Magazin fand sich in allen vier Ausgaben insgesamt sogar nur eine einzige *Eigenanzeige*, welche 0,1 Prozent des gesamten Heftumfangs der untersuchten BMW-Hefte einnimmt.

---

[86] Zu den drei Anzeigentypen *Eigenanzeigen*, *Fremdanzeigen mit Unternehmens-/Produktbezug* und *Fremdanzeigen ohne Unternehmens-/Produktbezug* vergleiche Abschnitt 4.7 sowie die Codieranweisungen im Codebuch.

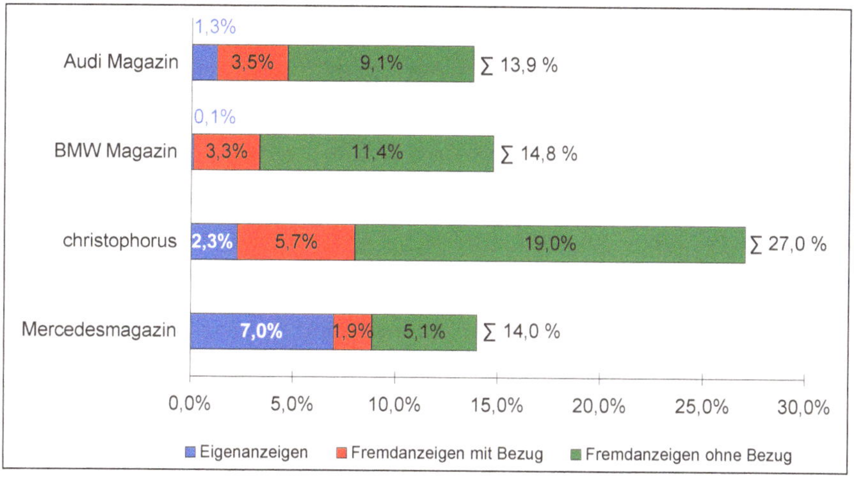


**Abb. 6.1:** Anteil *Eigenanzeigen, Fremdanzeigen mit Bezug zum Unternehmen/Produkt* und *Fremdanzeigen ohne Bezug zum Unternehmen/Produkt* bezogen auf den Gesamtheftumfang

*Quelle:* Eigene Darstellung

Die Verteilung der *Fremdanzeigen mit Unternehmens-/Produktbezug* ergibt ein gegensätzliches Bild: Im Porsche-Kundenmagazin nehmen die Anzeigen dieses Typs dreimal so viel Platz ein wie im Mercedesmagazin. Auch im Vergleich zu den Kundenzeitschriften von Audi und BMW ist der Umfang der *Fremdanzeigen mit Unternehmens-/Produktbezug* im christophorus immerhin noch fast doppelt so groß.

Hinsichtlich der *Fremdanzeigen ohne Unternehmens-/Produktbezug* unterscheidet sich der christophorus wieder deutlich von den drei anderen Magazinen. So ist der Umfang der Anzeigen dieses Typs hier ebenfalls besonders hoch: von durchschnittlich 109 Seiten Heftumfang sind durchschnittlich etwa 20 Seiten *Fremdanzeigen ohne Unternehmens-/Produktbezug*. Im Gegensatz dazu hat das Mercedesmagazin bei einem durchschnittlichen Heftumfang von 107 Seiten lediglich durchschnittlich 5,5 Seiten *Fremdanzeigen ohne Unternehmens-/Produktbezug*.

Typisch für journalistische Zeitschriften wie Publikums- und Fachzeitschriften ist auch, dass die *zweite*, *dritte* und *vierteUmschlagseite* jeweils als Anzeigenseite fungiert. Bei der Inhaltsanalyse ist aufgefallen, dass dies in allen 16 untersuchten Kundenzeitschriften ebenfalls der Fall ist.[87]

Zusammenfassend lässt sich hierzu sagen, dass insbesondere im Mercedesmagazin mittels zahlreicher *Eigenanzeigen* versucht wird, den Bezug zum herausgebenden Unternehmen nicht zu stören. Eine andere Strategie scheinen die Herausgeber des christophorus zu verfolgen: So lässt der hohe Anteil an *Fremdanzeigen ohne Bezug* das Magazin noch *journalistischer* wirken, zumal die Leser Anzeigen auch von Publikums- und Fachzeitschriften gewohnt sind. Zusätzlich stellt der Verkauf von Anzeigenseiten eine Erlösquelle dar (vgl. hierzu Abschnitt 2.4.2).

## 6.2 Artikelbezogene Untersuchung

Im Rahmen der artikelbezogenen Untersuchung wurden alle Beiträge der 16 vorliegenden Ausgaben in einem ersten Schritt einer journalistischen Darstellungsform[88] zugeordnet. Die Ergebnisse hierzu fasst Tabelle 6.1 auf der rechten Seite zusammen. Der zweite Schritt diente der konkreten inhaltsanalytischen Untersuchung der als der Textgattung *Bericht*, *Reportage*, *Feature*, *Hybridform*, *Portrait* oder *Interview* zugehörig identifizierten Beiträge. Auf-

[87] Bei Anzeigenkunden sind die drei Umschlagseiten in der Regel sehr beliebt. Dementsprechend hoch sind üblicherweise auch die Preise für diese Seiten in Publikums- und Fachzeitschriften. Ein Vergleich der Anzeigenpreislisten der Kundenzeitschriften von Audi, BMW, Porsche und Mercedes-Benz hat ergeben, dass nur das Mercedesmagazin einen höheren Preis für die Belegung der Umschlagseiten verlangt: hier betragen die Kosten für eine Anzeige auf einer der drei Umschlagseiten 20 621 € (1/1 4c oder s/w) statt 19 943 € (1/1 4c oder s/w) für eine vergleichbare Anzeige an anderer Stelle im Heft (vgl. GWP media-marketing 2006).

[88] Zu den journalistischen Darstellungsformen vergleiche die Codieranweisungen im Codebuch.

**Tabelle 6.1:** Verteilung der untersuchten Beiträge auf journalistische Darstellungsformen

| Journalistische Darstellungsform | Audi Magazin | BMW Magazin | christo-phorus | Mercedes-magazin |
|---|---|---|---|---|
| Bericht | 17 | 8 | 25 | 21 |
| Reportage | 4 | 7 | 11 | 9 |
| Feature | 3 | 7 | 1 | 9 |
| Hybridform | 9 | 3 | 10 | 8 |
| Portrait | 9 | 11 | 9 | 7 |
| Interview | 6 | 0 | 2 | 4 |
| näher zu untersuchende Beiträge[a] | 48 | 36 | 58 | 58 |
| Meldung | 48 | 27 | 22 | 6 |
| Kolumne | 0 | 0 | 5 | 0 |
| Leserbriefe | 0 | 0 | 0 | 0 |
| Rätsel/Gewinnspiel | 4 | 0 | 0 | 0 |
| andere | 0 | 6 | 8 | 0 |
| keine erkennbar | 2 | 16 | 1 | 4 |
| Summe Beiträge | 102 | 85 | 94 | 68 |

[a] Beiträge, die der Darstellungsform *Bericht*, *Reportage*, *Feature*, *Hybridform*, *Portrait* oder *Interview* zugeordnet wurden, werden näher untersucht (siehe Codebuch).

grund dieser Eingrenzung verringerte sich die Zahl der zu untersuchenden Artikel von 349 auf 200.

### 6.2.1 Artikelbezogene Strukturmerkmale

Wesentliche Bausteine eines redaktionellen Beitrags in einer Zeitschrift sind *Überschrift*, *Vorspann* und *Zwischentitel* (siehe Abschnitt 4.4.3). Hier hat die Untersuchung ergeben, dass alle 200 betrachteten Artikel mit einer *Überschrift* beginnen. Der Baustein *Vorspann* ist sowohl im Audi Magazin als auch im Mercedesmagazin in jedem untersuchten Beitrag vorhanden, im BMW

Magazin haben in allen untersuchten Ausgaben insgesamt lediglich zwei und im christophorus drei Beiträge keinen Vorspann.

Bezüglich der *Zwischentitel* bzw. *Zwischenüberschriften* ergibt sich ein anderes Bild; die Verwendung dieses Bausteins ist in allen vier Titeln weniger konstant als der Einsatz von *Überschrift* und *Vorspann.* Allerdings stellt sich bei genauer Betrachtung heraus, dass die Verwendung von Zwischentiteln zum Teil von der journalistischen Darstellungsform abhängt.

So hat sich gezeigt, dass im Mercedesmagazin 19 von insgesamt 58 analysierten Beiträgen ohne Zwischentitel sind. Diese 19 Artikel sind ausnahmslos der Darstellungsform *Bericht* zuzuordnen (insgesamt gibt es 21 Beiträge, die sich als *Bericht* beschreiben lassen). Die Berichte im Mercedesmagazin haben überwiegend einen Umfang von 1 bis 2 Seiten. Bei einer solchen Beitragslänge sind Zwischentitel, die den Lesefluss erleichtern und den Fließtext gliedern sollen, nicht zwingend erforderlich, zumal Abbildungen das Seitenlayout auflockern.

Im Audi Magazin hat die Textgattung *Interview* kaum Zwischentitel, während für die anderen fünf untersuchten Textgattungen dieser Baustein wesentlicher Bestandteil ist. Für das BMW Magazin ist dagegen eine vergleichbare Aussage nicht möglich: Hier ist weder ein Zusammenhang zwischen Zwischentitel und Darstellungsform auszumachen, noch hängt der Einsatz dieses Bausteins von dem Umfang der Beiträge ab. Vielmehr stehen 17 Beiträge ohne Zwischentitel 19 Beiträgen mit Zwischentitel gegenüber. Für den christophorus sieht es wieder anders aus: fast 85 Prozent (49 von 58) der untersuchten Artikel haben keine Zwischenüberschriften; dabei ist auch hier nicht näher zu bestimmen, wann Zwischenüberschriften eingesetzt werden und wann nicht.

Neben den oben stehenden Strukturmerkmalen *Überschrift*, *Vorspann* und *Zwischentitel* stellen Fotos und andere Abbildungen in Zeitschriften wichtige Artikelbausteine dar. Diese tragen – wie beispielsweise auch Zwischenüberschriften – zur Verbesserung des Leseflusses bei und werten die Seiten zusätzlich optisch auf (vgl. hierzu Abschnitt 4.4.3 und 4.5.1). Im Rahmen der journalistischen Qualitätsmerkmale *Richtigkeit* und *Objektivität* ist es u. a. wichtig, dem Leser Abbildungen und deren Inhalte in entsprechenden Abbildungsunterschriften zu erläutern.

Grundsätzlich ist zu bemerken, dass in allen untersuchten Kundenzeitschriften Abbildungen zahlreich vorhanden sind, allerdings ist der sorgfältige Umgang mit den oben genannten Qualitätsstandards nicht bei allen vier Titeln gleich stark ausgeprägt.[89]

Die Analyse, ob entsprechend der Abbildungen auch Abbildungsunterschriften vorhanden sind, hat gezeigt, dass dieser Grundsatz sowohl im Mercedesmagazin als auch im BMW Magazin Beachtung findet: Im Mercedesmagazin fehlen lediglich in einem von 58 Beiträgen Abbildungsunterschriften. Im BMW Magazin fehlen in vier von 36 Beiträgen entsprechende Erläuterungen zu Abbildungen. Wesentlich weniger Sorgfalt im Umgang mit der Zuordnung von Abbildung und Abbildungsunterschrift offenbart sich bei der Betrachtung der beiden anderen Magazine: Das Porsche-Magazin christophorus hat diesen journalistischen Grundsatz in 28 Prozent der untersuchten Beiträge nicht eingehalten, beim Audi Magazin sind es sogar 35 Prozent.

### 6.2.2 Quellenangaben

Zur Wahrung und Sicherung der journalistischen Qualität ist es unerlässlich, die Urheber von Texten und – soweit vorhanden – von Abbildungen zu kennzeichnen. So wurde in dieser Studie untersucht, ob Angaben zum Verfasser und Fotografen/Illustrator eines jeden Beitrags gemacht werden.

---

[89] Das Bild-Text-Verhältnis wurde nicht explizit betrachtet. Eine Untersuchung dieses Verhältnisses sowie der Abbildungsinhalte ist ein interessanter Aspekt für weitere Forschungsarbeiten; es könnte untersucht werden, welche Bedeutung insbesondere Fotos in Kundenmagazinen haben und in welchem Zusammenhang Abbildungen wie eingesetzt werden.

Als besonders sorgfältig im Umgang mit diesem journalistischen Grundsatz erweist sich das Audi Magazin: Hier gibt es nur in einem Beitrag ein Foto ohne Angaben, woher es stammt oder wer der Urheber ist. Weiterhin gibt es einen Beitrag, dessen Verfasser nicht genannt ist. Ähnlich sorgfältig wird im BMW Magazin mit der Nennung von Autor und Abbildungsquelle verfahren: In zwei von 36 Beiträgen erfolgt keine Nennung des Verfassers; in drei Beiträgen fehlen Angaben zum Abbildungsurheber.

Ganz anders ist die Situation bei den beiden anderen Kundenzeitschriften: Im christophorus gibt es bei fast einem Drittel der analysierten Beiträge keine Angaben zum Verfasser und bei gut einem Viertel der Beiträge mit Abbildungen keine Angaben zur Abbildungsurheberschaft.

Die Angaben zum Verfasser des Artikels fehlen im Mercedesmagazin ebenfalls in einem Drittel der Beiträge. Bei den Artikeln ohne Angaben zum Verfasser handelt es sich ausnahmslos um *Berichte*; die Verfasser von Berichten werden im Mercedesmagazin grundsätzlich nicht genannt, sodass ein direkter Zusammenhang zwischen Darstellungsform und Verfasserangaben herzustellen ist. Die Kennzeichnung, wer Urheber der jeweiligen Abbildung ist, fehlt bei zehn von 58 Beiträgen mit Abbildungen. Auch hierbei handelt es sich ausschließlich um *Berichte*; allerdings trifft dies nicht für jeden der 19 als *Bericht* identifizierten Beiträge zu, sodass in diesem Fall kein Zusammenhang zwischen der Kennzeichnung des Fotografen/Illustrators und der Darstellungsform zu erkennen ist.

### 6.2.3 Interaktivität

Ein weiteres zentrales Qualitätsmerkmal im Journalismus ist das Kriterium *Vermittlung*. Für diese Studie wurde in diesem Zusammenhang die *Interaktivität* genauer in Augenschein genommen (vgl. dazu Abschnitt 4.5.1).

Wie Abbildung 6.2 auf der gegenüberliegenden Seite zu entnehmen ist, bieten die Kundenzeitschriften von Audi und Mercedes-Benz diesen Service

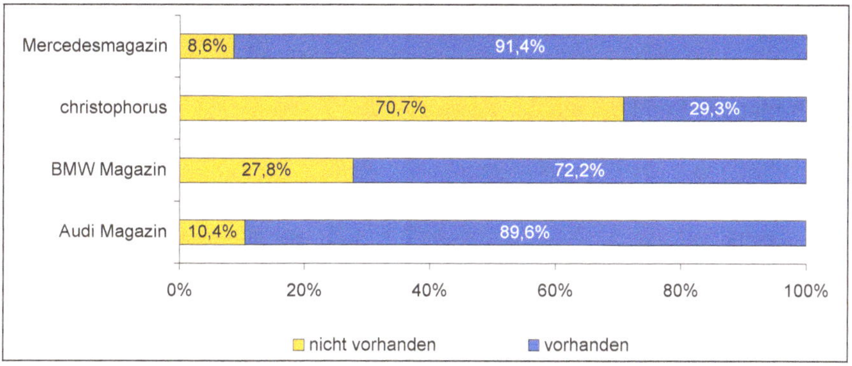


**Abb. 6.2:** Anteil Beiträge mit/ohne Interaktivität

*Quelle:* Eigene Darstellung

– bis auf wenige Ausnahmen – in jedem Artikel. Im BMW Magazin wurden Hinweise zu weiterführenden Informationen immerhin in über 70 Prozent der untersuchten Beiträge gefunden. Genau anders herum stellt sich das Verhältnis beim Porsche-Magazin christophorus dar: Hier konnte in gut 70 Prozent der betrachteten Artikel keine Interaktivität festgestellt werden.

Die Magazine von Audi und Mercedes-Benz zeigen eine große Serviceorientierung im Vergleich zu den beiden anderen Kundenzeitschriften. So erleichtern sie ihren Lesern das Sich-über-den-Artikel-hinaus-informieren, indem Literaturhinweise, Internetlinks oder Angaben zu Service-Hotlines den Inhalt des jeweiligen Artikels abrunden.

### 6.2.4 Inhalte

Ein besonderes Interesse dieser Studie gilt den Inhalten der Beiträge in den vorliegenden Kundenzeitschriften und hier insbesondere dem inhaltlichen Bezug zum jeweiligen herausgebenden Unternehmen. Hierfür wurden drei Beitragsarten unterschieden: *PR-Beiträge*, *senderaffine Beiträge* sowie *unabhängige Beiträge*.

Die Beitragsarten wurden einerseits hinsichtlich ihrer Anzahl und anderseits hinsichtlich ihres jeweiligen Anteils am Heftumfang betrachtet (siehe Abbildung 6.3 und 6.4 auf der rechten Seite).

Insgesamt 41 Artikel sind in den vier Ausgaben des christophorus als *PR-Beiträge* zu bezeichnen, wohingegen die Ausgaben des Audi Magazins insgesamt 28, die des Mercedesmagazins 27 und die des BMW Magazins nur 19 Beiträge dieser Beitragsart enthalten. Betrachtet man nun jeweils den Umfang, den diese Beitragsart bezogen auf den jeweiligen Gesamtheftumfang einnimmt, stellt sich die Situation anders dar: Während der christophorus zwar die meisten *PR-Beiträge* hat, ist deren Umfang mit knapp 30 Prozent des Heftumfangs insgesamt geringer als der Umfang der PR-Beiträge im Mercedesmagazin (32 Prozent) und im Audi Magazin (35 Prozent).

Bezüglich der *senderaffinen Beiträge* weisen die vier Kundenzeitschriften eine annähernd vergleichbare Anzahl Beiträge auf. Allerdings führt auch hier die Betrachtung der Umfänge dieser Beitragsart zu einem anderen Ergebnis: Im BMW Magazin nimmt eine vergleichbare Anzahl *senderaffiner Beiträge* doppelt so viel Platz im Heft in Anspruch wie bei den anderen Magazinen.

Auch bei der Verwendung *unabhängiger Beiträge* offenbaren sich erhebliche Unterschiede zwischen den vier Kundentiteln. Während solche Beiträge sowohl im BMW Magazin als auch im christophorus kaum zu finden sind und auch ihr Umfang insgesamt sehr gering ist, sind in den vier Ausgaben des Audi Magazins insgesamt neun unabhängige Beiträge zu finden, in den Ausgaben des Mercedesmagazins sogar doppelt so viele; entsprechend der Anzahl ist hier auch der Umfang verteilt.

Zusammenfassend ist festzuhalten, dass in allen vier Kundenzeitschriften die *PR-Beiträge* an Anzahl und Umfang überwiegen; nur das BMW Magazin stellt eine Ausnahme dar: Bezüglich des Umfangs der Beitragsarten werden die vier Ausgaben von *senderaffinen Beiträgen* dominiert. Die PR-Beiträge, welche offensichtlich und fokussiert über das Unternehmen und/oder seine Produkte berichten, nehmen hier dagegen etwa ein Drittel weniger Platz in

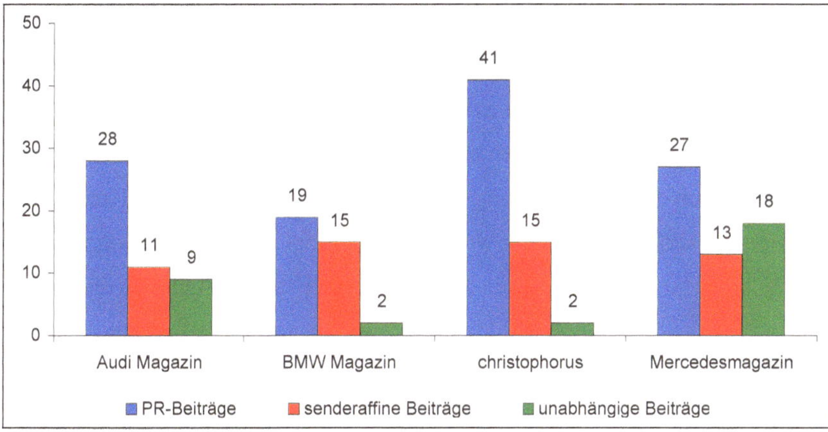


**Abb. 6.3:** Anzahl Beiträge der Beitragsarten *PR-Beiträge*, *senderaffine Beiträge* und *unabhängige Beiträge*
*Quelle:* Eigene Darstellung

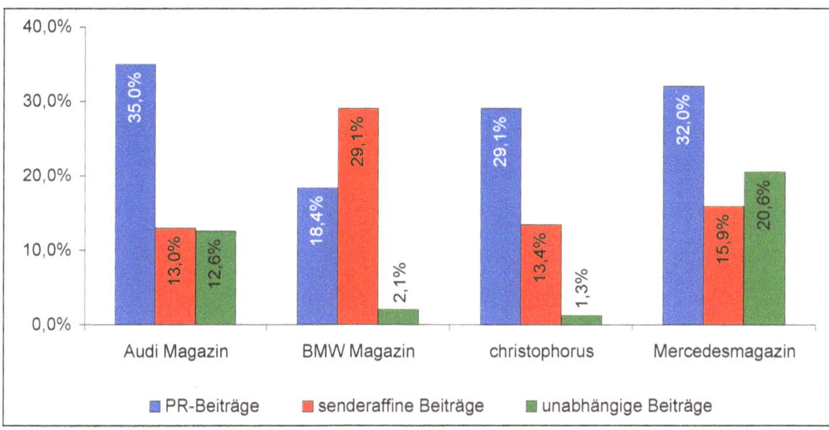


**Abb. 6.4:** Anteil der Beitragsarten *PR-Beiträge*, *senderaffine Beiträge* und *unabhängige Beiträge* am Heftumfang
*Quelle:* Eigene Darstellung

den Heften in Anspruch. Aus diesem Ergebnis kann der Schluss gezogen werden, dass im BMW Magazin verstärkt versucht wird, einen versteckten, nicht offensichtlichen Bezug zum Sender herzustellen. Somit lässt sich auch die Hypothese *Wenn es redaktionelle Beiträge in Kundenzeitschriften gibt, dann haben diese einen Bezug zum Sender* am ehesten für das BMW Magazin bestätigen. Darüber hinaus verdeutlichen die Abbildungen 6.3 und 6.4, dass ausschließlich das Mercedesmagazin eine relativ ausgewogene Mischung der drei Beitragsarten umsetzt: Sowohl bezüglich der Anzahl als auch hinsichtlich des Umfangs bietet es den Lesern die größte inhaltliche Ausgewogenheit, denn die Verteilung auf die drei Beitragsarten ist hier, im Vergleich zu den drei anderen Kundenzeitschriften und vor dem Hintergrund der Forschungsfrage, am ausgeglichensten. Möglicherweise führt diese Ausgewogenheit der Inhalte unter gleichzeitiger Zurückhaltung in der Selbstdarstellung zu einer Glaubwürdigkeits- und Akzeptanzsteigerung seitens der Leser gegenüber dem Mercedesmagazin.

Um herauszufinden, auf welche Art und Weise in einem Beitrag ein Bezug zum Sender hergestellt wird, wurden die in den 16 Ausgaben der vier Kundenmagazine als *senderaffin* identifizierten Beiträge erneut analysiert. Dabei wurde zwischen drei Senderaffinitäts-Arten unterschieden: Senderaffinität nur *im Text*, nur *in Abbildungen* oder *im Text und in Abbildungen*.

Wie Abbildung 6.5 auf der gegenüberliegenden Seite verdeutlicht, weicht das Mercedesmagazin diesbezüglich in erheblichem Maße von den drei anderen Titeln ab: So gibt es im Mercedesmagazin keinen einzigen Artikel mit Senderaffinität ausschließlich in Abbildungen. Das Vorgehen, einen Bezug zum herausgebenden Unternehmen und seinen Produkten allein über Abbildungen herzustellen, ist dagegen sowohl im BMW Magazin als auch im christophorus in 13 Prozent der senderaffinen Beiträge zu erkennen. Zudem ist die Anzahl der senderaffinen Beiträge mit *Senderaffinität im Text und in Abbildungen* im Mercedesmagazin vergleichsweise gering; denn im Gegensatz zu den Kundenzeitschriften von Audi, BMW und Porsche, die in ungefähr zwei Drittel der senderaffinen Beiträge einen Bezug zum Unternehmen bzw. zum Produkt sowohl im Text als auch in Abbildungen herstellen, findet sich die-

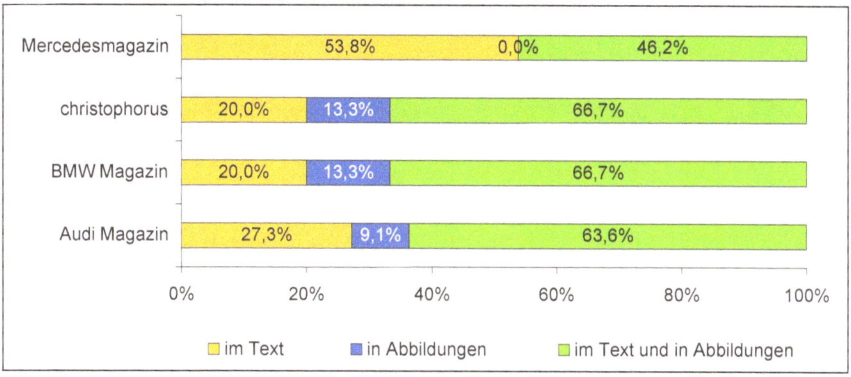


**Abb. 6.5:** Anteil der Beiträge mit Senderaffinität *im Text*, *in Abbildungen* und *im Text und in Abbildungen* an der Gesamtzahl Beiträge mit identifizierter Senderaffinität
*Quelle:* Eigene Darstellung

se Senderaffinitäts-Art in den senderaffinen Beiträgen im Mercedesmagazin nur zu 46 Prozent wieder. Damit nimmt das Mercedesmagazin auch bezüglich der *Senderaffinität im Text* eine Sonderstellung ein: In über der Hälfte der senderaffinen Beiträge wird ausschließlich im Fließtext eine Verbindung zum Unternehmen und der Automobilmarke hergestellt, während dies beim BMW Magazin und christophorus nur in 20 Prozent der senderaffinen Beiträge der Fall ist. Im Audi Magazin wird in knapp 30 Prozent der senderaffinen Beiträge ausschließlich im Text auf den Sender verwiesen.

Zwei Beispiele für *Senderaffinität in Abbildungen* sollen zeigen, wie sich die Senderaffinität konkret manifestiert. Eine elfseitige Reportage im BMW Magazin (Ausgabe 1/06) hat das Land Indien, seine Geschichte und Entwicklung zum Thema. Die Fotos des Beitrags zeigen vorwiegend Menschen und Landschaften. In einigen dieser Fotografien taucht ein *BMW X5* z. B. neben einem Kamel oder in einer Straßenszenerie auf. Auch in den entsprechenden Abbildungsunterschriften findet das Fahrzeug Erwähnung.

In Ausgabe 1/06 des christophorus thematisiert eine Reportage die Ernte des Eisweines. Die Fotos des Beitrags zeigen u. a. Reben und Erntehelfer.

Ein Foto hat einen Ausschnitt des Weinbergs mit einem *Porsche Cayenne* als Motiv.

Die Beispiele lassen vermuten, dass die beiden Reportagen nur im Heft sind, um die Fahrzeuge in einem exotischen Umfeld bzw. im einem zu dem Modell passenden Gelände zu präsentieren, zumal der Bezug zum Sender geradezu unvermittelt und völlig losgelöst vom eigentlichen Inhalt des Artikels aufgebaut wird. Das Vorgehen, Senderaffinität allein in Abbildungen herzustellen, vermittelt eher den Eindruck des *versteckten* Bezugs als wenn der Bezug bzw. der Hinweis auf den Sender im Text zu finden ist und er dort namentlich genannt ist. So lässt sich abschließend sagen, dass die Kundenzeitschriften von Audi, BMW und Porsche – im Gegensatz zum Mercedesmagazin – in einigen Beiträgen versuchen, ihren Lesern die Automobilmarke *unterzuschieben.*

Außerdem wurde untersucht, welche Beitragsarten sich in welcher journalistischen Darstellungsform präsentieren. Veranschaulicht wird dies in Abbildung 6.6 auf der rechten Seite. Grundsätzlich führt ein Vergleich der vier Diagramme zu dem Schluss, dass erneut das Mercedesmagazin die größte Ausgewogenheit bereitstellt: Es bietet sowohl die größte Ausgewogenheit an journalistischen Darstellungsformen als auch hinsichtlich der Verteilung der drei Beitragsarten auf die journalistischen Textgattungen.

Für alle vier Titel gilt: der *Bericht* ist die beliebteste Textgattung für PR-Beiträge. Da *Berichte* Nachrichten umfassend und nüchtern darstellen, zeigt dies, dass PR-Inhalte vorwiegend sachlich und informativ präsentiert werden. So ist für die Kundenzeitschriften festzustellen, dass nicht versucht wird, das jeweilige Unternehmen und seine Automobilmarke in weniger nachrichtlich-orientierten Textgattungen, wie z. B. der Reportage, zu verpacken. Als ebenfalls häufig gewählte Darstellungsform für PR-Beiträge ist in allen vier vorliegenden Kundenmagazinen die *Hybridform* auszumachen. Daraus lässt sich schließen, dass PR-Beiträge außerdem gern in einer Mischform aus *Bericht*, *Reportage* und *Feature* präsentiert werden.

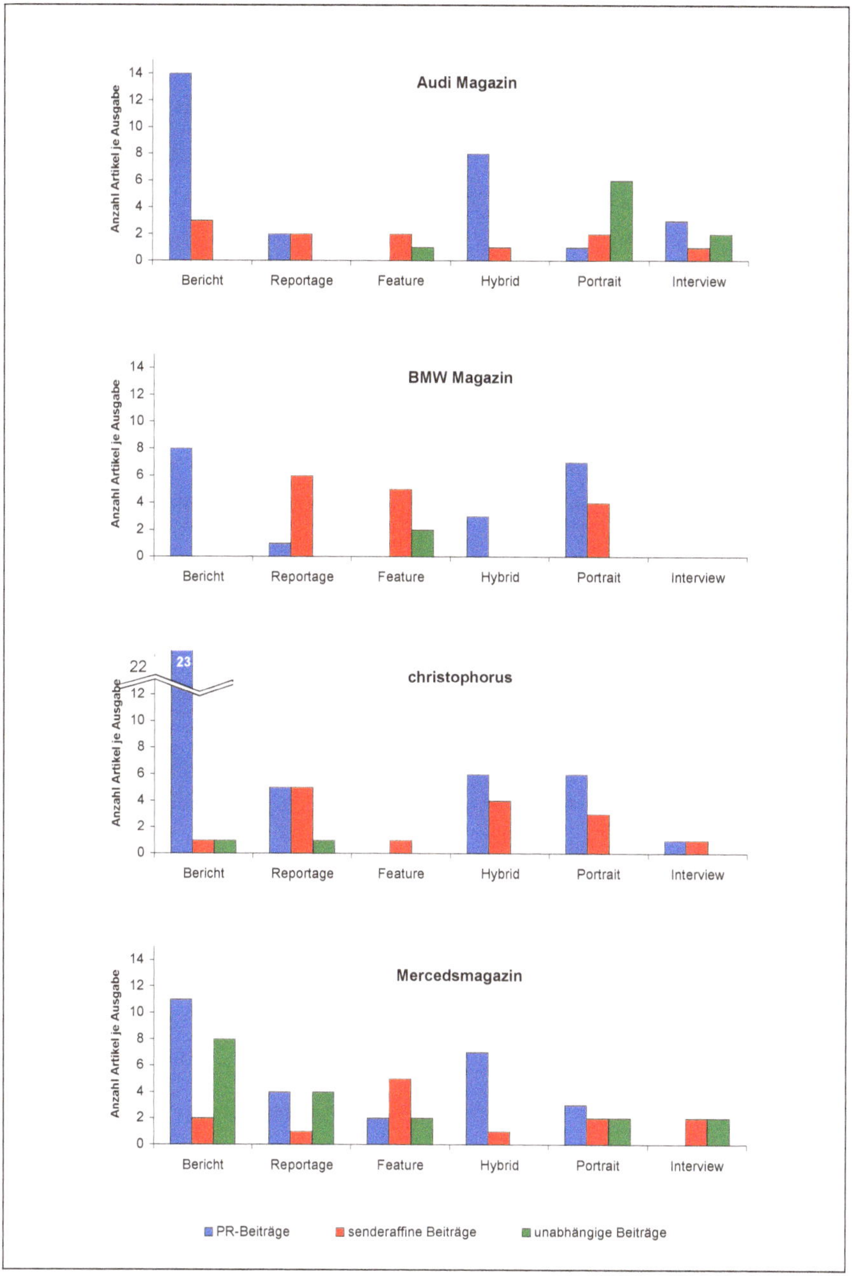


**Abb. 6.6:** Verteilung der Darstellungsformen auf die drei Beitragsarten

*Quelle:* Eigene Darstellung

Außerdem fällt auf, dass im BMW Magazin alle unabhängigen Beiträge in der Form *Feature* erscheinen, während das Audi Magazin seine unabhängigen Inhalte vornehmlich in Form von *Portraits* an seine Leser bringt. Die Herausgeber des Audi Magazins haben vermutlich die Intention, auf diese Weise das Image der portraitierten Personen und Institutionen auf die Marke Audi zu übertragen bzw. eine Verbindung zwischen beiden zu knüpfen.[90]

In dieser Studie wurde u. a. der Begriff des *Camouflage-Journalismus* erörtert. Die Ausführungen zu den *Inhalten* haben gezeigt, dass diese Art des Journalismus in allen vier Kundenzeitschriften zu finden ist. So bestimmen zum einen drei verschiedene Beitragsarten – mal mehr, mal weniger – die inhaltliche Gestaltung. Zum anderen verweisen die oben beschriebenen Zusammenhänge zwischen den drei Beitragsarten und den journalistischen Darstellungsformen darauf, dass PR-Themen in journalistischen Darstellungsformen *verpackt* werden.

### 6.2.5 Perspektivenvielfalt und Handlungsträger

Ein Merkmal der journalistischen Qualität ist u. a. die Vielfalt von Akteuren bzw. Perspektiven. Aus diesem Grund wurde in dieser Studie untersucht, wie viele Perspektiven in einem Beitrag vertreten sind.

Wie in Abbildung 6.7 auf der gegenüberliegenden Seite zu erkennen ist, kommen das BMW Magazin und – etwas weniger ausgeprägt – das Audi Magazin dem journalistischen Qualitätsmerkmal *Vielfalt der Akteure und Perspektiven* eher nach als der christophorus und das Mercedesmagazin: So sind im BMW Magazin in 47 Prozent der untersuchten Beiträge zwei oder mehr Akteure mit ihrer jeweiligen Meinung vertreten, im Audi Magazin in 42 Prozent der Beiträge. Sowohl im christophorus als auch im Mercedesmagazin sind zwei oder mehr Perspektiven dagegen in nur ungefähr 30 Prozent der analysierten Beiträge zu erkennen. Weiter hat die inhaltsanalytische Un-

[90] Vergleiche hierzu Abschnitt 4.4.2.

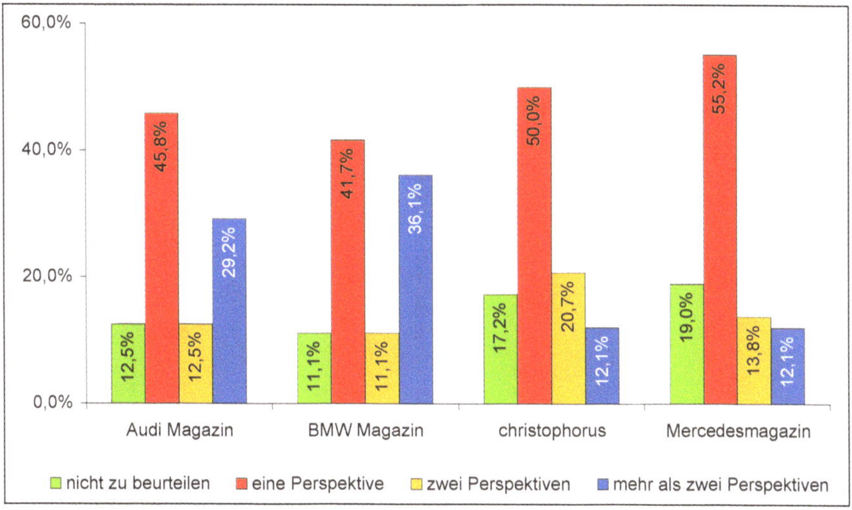


**Abb. 6.7:** Akteurs- und Perspektivenvielfalt

*Quelle:* Eigene Darstellung

tersuchung ergeben, dass in der Mehrzahl der untersuchten Beiträge in allen vier Kundenzeitschriften nur eine Perspektive dargestellt wird bzw. dass nur ein Akteur zu Wort kommt. Es gilt also für alle vier Titel, dass sie dem journalistischen Vielfaltspostulat in etwa der Hälfte der untersuchten Beiträge nicht nachkommen und somit von einer *Ein-Perspektiven-Strategie* beherrscht werden.

Von Interesse war weiterhin, wer in den Beiträgen zu Wort kommt bzw. wessen Meinung wiedergegeben wird: die von Unternehmensangehörigen, Automobil-Experten, Forschern/Wissenschaftlern oder Prominenten. Die Ergebnisse der Inhaltsanalyse hierzu sind in Abbildung 6.8 auf der nächsten Seite zu sehen.[91]

[91] Die Werte dieses Diagramms berücksichtigen nur diejenigen Beiträge, in denen ein oder mehr Handlungsträger zu erkennen sind; für die Beiträge, in denen niemand zu Wort kommt, wurde bei allen fünf Ausprägungen *null* codiert; das waren im Audi Magazin 8, im BMW Magazin 4, im christophorus 8 und im Mercedesmagazin 24 Beiträge.

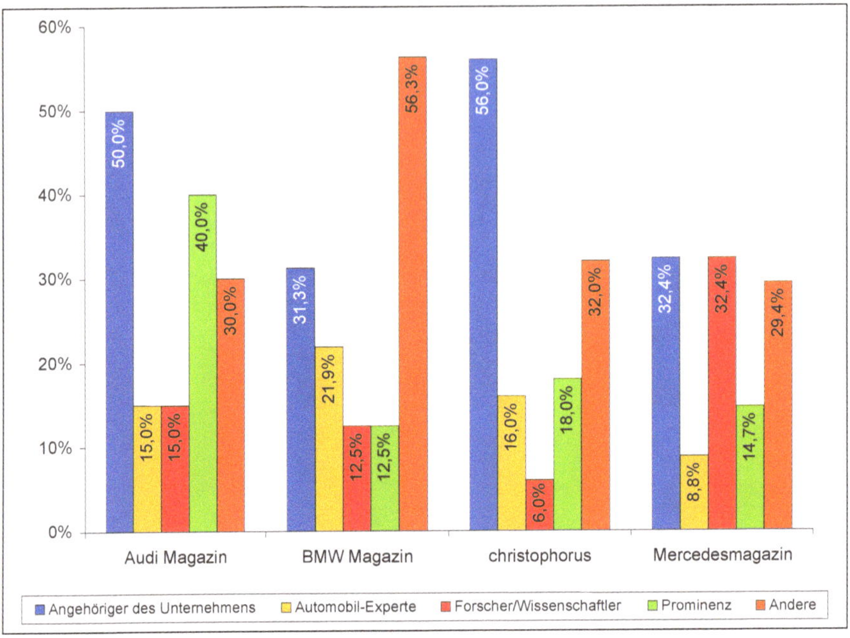


**Abb. 6.8:** Verteilung der Artikel (Anzahl) auf die beteiligten Handlungsträger

*Quelle:* Eigene Darstellung

In den Kundenzeitschriften von Audi und Porsche kommen in 50 Prozent bzw. 56 Prozent der Beiträge als Handlungsträger *Angehörige des Unternehmens* zu Wort. Die Magazine von BMW und Mercedes-Benz lassen in 30 Prozent der Beiträge *Angehörige des Unternehmens* sprechen und handeln. Abbildung 6.8 ist außerdem zu entnehmen, dass im Audi Magazin, im Vergleich zu den drei anderen Kundenzeitschriften, mehr als zweimal so oft *Prominente* als Handlungsträger der untersuchten Artikel fungieren. Eine andere Besonderheit gegenüber den anderen Titeln zeigt das BMW Magazin: Der Handlungsträgertyp *Andere* tritt hier in weit über der Hälfte der Beiträge in Erscheinung, während er in den verbleibenden drei Magazinen in nur etwa einem Drittel aller analysierten Beiträge auftaucht. Dahinter könnte die Absicht stehen, Identifikationspunkte für die Leser des BMW Magazins zu

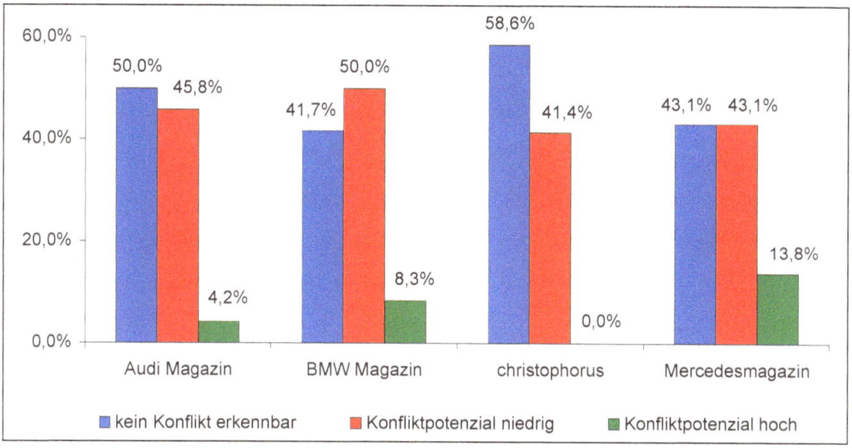


**Abb. 6.9:** Ausprägung des Konfliktpotenzials in den vier Kundenzeitschriften

*Quelle:* Eigene Darstellung

schaffen; dies ist vergleichbar mit der Rubrik *Mein BMW*, die auch von *Menschen wie du und ich* handelt.[92] Dagegen kommt der Handlungsträger *Forscher/Wissenschaftler* überdurchschnittlich oft im Mercedesmagazin zu Wort. Hier könnte die Absicht dahinter stehen, Personen, die gleichzeitig als neutral und kompetent zu bezeichnen sind, zu Wort kommen zu lassen, um so die Glaubwürdigkeit des Beitrags und damit die des gesamten Magazins zu steigern.

### 6.2.6 Konfliktpotenzial

Vor dem Hintergrund der Fragestellung wie journalistisch Kundenzeitschriften sind, wurde auch die Ausgeprägtheit des Konfliktpotenzials in den Beiträgen der vorliegenden Kundenmagazine untersucht. Das Aufzeigen von Konflikten und Problemen sowie deren Diskussion gehört zu den konstituierenden

[92] Vergleiche hierzu Abschnitt 6.1.1 auf Seite 102.

Merkmalen des Journalismus in demokratischen Gesellschaften (vgl. hierzu insbesondere Abschnitt 4.2.1).

Die Analyse hat ergeben, dass das Mercedesmagazin das höchste Konfliktpotenzial aufweist: acht von 58 untersuchten Beiträgen (13,8 Prozent) thematisieren mehr als zwei Konflikte. Dagegen wurde im Porsche-Magazin christophorus kein einziger Beitrag mit einem hohen Konfliktpotenzial gefunden. Abbildung 6.9 auf der vorigen Seite veranschaulicht auch, dass hinsichtlich der Ausprägungen *kein Konflikt erkennbar* und *Konfliktpotenzial niedrig* (ein bis zwei Konflikte erkennbar) zwischen den vier Kundenzeitschriften keine bedeutenden Unterschiede festzustellen sind. Einzig der christophorus zeichnet sich durch eine besonders konfliktfreie Berichterstattung aus: in 34 von 58 untersuchten Artikeln, knapp 60 Prozent, ist kein Konflikt zu erkennen.

Als Fazit ist festzuhalten, dass die vorliegenden Kundenzeitschriften von einer konfliktfreien bzw. konfliktarmen Berichterstattung geprägt sind. Alle vier Magazine lassen in rund 85 (Mercedesmagazin) bis 100 Prozent (christophorus) ihrer Beiträge wenige bis gar keine Konflikte erkennen. Deshalb können sie im Hinblick auf dieses journalistische Merkmal als *nichtjournalistisch* bezeichnet werden. Mehr als zwei Konflikte werden im Durchschnitt in weniger als 10 Prozent aller betrachteten Beiträge aufgezeigt.

Im Zusammenhang mit dem Konfliktpotenzial wurde die Hypothese aufgestellt, dass PR-Beiträge kein oder nur ein niedriges Konfliktpotenzial aufweisen (siehe Abschnitt 4.7 auf Seite 83). Abbildung 6.10 auf der rechten Seite bestätigt dies. Aus ihr geht hervor, dass vor allem die als *PR-Beiträge* identifizierten Artikel in den vorliegenden Ausgaben der vier Kundenmagazine kein bzw. nur ein niedriges Konfliktpotenzial in sich bergen und dass umgekehrt PR-Beiträge in allen untersuchten Titeln überwiegend (über 50 Prozent der PR-Beiträge) kein erkennbares Konfliktpotenzial aufweisen.

Weiterhin verdeutlicht Abbildung 6.10, dass ausschließlich im Mercedesmagazin PR-Beiträge mit einem hohen Konfliktpotenzial gefunden wurden und auch hier nur in 2 von 27 PR-Beiträgen (7 Prozent); in den übrigen Ma-

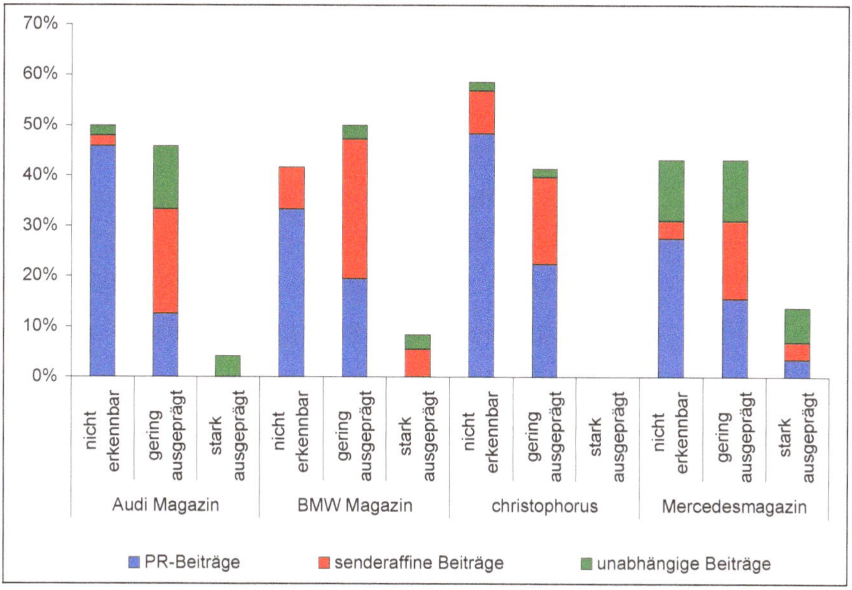


**Abb. 6.10:** Ausprägung Konfliktpotenzial in Beitragsarten

*Quelle:* Eigene Darstellung

gazinen wurden in keinem einzigen PR-Beitrag mehr als zwei Konflikte thematisiert.

Dies bestätigt größtenteils die Annahme, dass die herausgebenden Unternehmen Konflikte und auch Selbstkritik in Beiträgen scheuen, die ausschließlich ihr Unternehmen und ihre Produkte thematisieren. Vorwiegend wird in diesem Zusammenhang eine *Heile-Welt-Berichterstattung* praktiziert.

## 6.3 Zusammenfassung

Die Auswertung der inhaltsanalytischen Ergebnisse hat verdeutlicht, dass sich die Kundenzeitschriften von Audi, BMW, Porsche und Mercedes-Benz des *Camouflage-Journalismus* bedienen, also PR-Inhalte in ein journalistisches Gewand kleiden. Rein äußerlich erinnern die vier betrachteten Magazine an

Publikums- bzw. Special-Interest-Zeitschriften; aufgrund ihrer monothematischen Ausrichtung auf das jeweilige Unternehmen und seine Produkte ähneln sie besonders der letztgenannten Gruppe von Zeitschriften. PR- und senderaffine Beiträge bestimmen die Berichterstattung. Vollständig unabhängige bzw. neutrale Inhalte gibt es zwar, allerdings ist ihre Anzahl und ihr Umfang nur für das Audi Magazin und das Mercedesmagazin erwähnenswert. Insbesondere die Titel von BMW und Porsche betreiben, zu einem vergleichsweise hohen Anteil, ein visuelles Product-Placement, indem sie einen Bezug zum Sender in im übrigen unabhängigen Beiträgen ausschließlich in Abbildungen herstellen (*Senderaffinität in Abbildungen*).

Vor dem Hintergrund der übergeordneten Fragestellung dieser Studie *Wie journalistisch sind Kundenzeitschriften?* ist abschließend für die exemplarisch untersuchten Kundenmagazine festzuhalten, dass ihr Äußeres als *journalistisch* zu bezeichnen ist, ihre Inhalte und Berichterstattung aber den Public Relations näher sind und der Selbstdarstellung partikularer Interessen[93] dienen.

Der nun folgende Abschnitt stellt die Ergebnisse der Inhaltsanalyse in einen größeren Zusammenhang, bevor das Kapitel 7 mit einem Ausblick zum Themenbereich *Kundenzeitschriften und Corporate Publishing* diese Studie abschließt.

---

[93] Zur Definition von *Öffentlichkeitsarbeit/Public Relations* nach Baerns vergleiche u. a. Abschnitt 4.1.

# 7 Schlussbetrachtung

## 7.1 Resümee

Den Ausgangspunkt dieser Studie bildet die Omnipräsenz der Kundenzeitschriften in unserem Alltag. Was zeichnet dieses Medium, das sich großer Beliebtheit sowohl auf Leser- als auch auf Unternehmensseite erfreut, aus? Röttger identifiziert die „mediale Sonderstellung“, also die Stellung zwischen den Systemen Journalismus und Public Relations, als besondere Eigenschaft der Kundenzeitschrift. Daraus entwickelte sich die Frage *Wie journalistisch sind Kundenzeitschriften?* Wie ist diese Frage nun abschließend zu beantworten?

Die inhaltsanalytische Untersuchung der vier Kundenzeitschriften aus dem Premium-Automobil-Segment hat gezeigt, dass bezüglich der Verwendung journalistischer Elemente Gemeinsamkeiten und Unterschiede zwischen den Titeln bestehen.

Gemeinsamkeiten erbrachte vor allem die heftbezogene Erhebung. Alle vier Kundenmagazine ähneln äußerlich stark journalistisch erstellten Zeitschriften und erfüllen wesentliche journalistische Kriterien: Die Aufmachung der Titelseiten, die grafische Gestaltung und das Layout sowie das Vorhandensein heftbezogener Strukturmerkmale (z. B. Standardseiten, konstante Heftordnung und Rubrizierung der Inhalte) tragen zum journalistischen Erscheinungsbild aller Titel bei.

Unterschiede zwischen den vier Kundenzeitschriften manifestieren sich hingegen bei der artikelbezogenen Betrachtung, insbesondere auf inhaltlicher

Ebene. Es zeigt sich, dass das Einhalten journalistischer Qualitätsstandards unterschiedlich stark Beachtung findet. Auch die Zusammensetzung der Inhalte der einzelnen Beiträge der vorliegenden Kundenmagazine weicht zum Teil erheblich voneinander ab. Eine weitere Frage war, ob eine Aussage darüber zu treffen ist, welches der Magazine am *journalistischsten* und welches am *PR-lastigsten* ist.

Betrachtet man die Auswertung der Untersuchung insgesamt, dann ist festzustellen, dass das Mercedesmagazin die Kundenzeitschrift ist, die als am *journalistischsten* bezeichnet werden kann. Diese Auszeichnung hat sich das Mercedesmagazin im Vergleich zu den übrigen Kundenzeitschriften insbesondere im Hinblick darauf verdient, dass seine Inhalte der journalistischen Berichterstattung am nächsten kommen. Das Mercedesmagazin bewahrt am ehesten die Ausgewogenheit zwischen den drei Beitragsarten und thematisiert am häufigsten unabhängige bzw. neutrale Inhalte. Bezogen auf den Gesamtinhalt nehmen unabhängige Beiträge nur hier mehr Raum in Anspruch als senderaffine Beiträge. Außerdem weisen die Artikel im Mercedesmagazin das größte Konfliktpotenzial auf und bringen – dies wurde in keinem der drei übrigen Magazine gefunden – sogar in PR-Beiträgen negative Aspekte und Probleme zur Sprache. Lediglich die Akteurs- und Perspektivenvielfalt, ein weiteres Merkmal der journalistischen Berichterstattung, ist im Mercedesmagazin weniger stark ausgeprägt als in drei übrigen Titeln: nur ein Viertel der Beiträge betrachtet Themen und Sachverhalte aus zwei oder mehr Perspektiven. Im Vergleich dazu ist vor allem im BMW Magazin, aber auch im Audi Magazin, eine größere Vielfalt gegeben.

Als am *PR-lastigsten* kann dagegen der christophorus bezeichnet werden. Seine Inhalte und Themen sind überwiegend unternehmens- und produktorientiert. In den vier untersuchten Ausgaben finden sich insgesamt nur zwei Beiträge, die einen vom Sender unabhängigen Inhalt aufweisen. Konfliktpotenzial ist in allen analysierten Beiträgen gar nicht oder nur schwach vorhanden. Somit kann die Berichterstattung über das Unternehmen Porsche und seine Produkte als *Heile-Welt-Darstellung* charakterisiert werden. Perspektivenvielfalt ist im Porsche-Kundenmagazin, wie auch im Mercedesmagazin, kaum zu erkennen. Auch die Analyse der Handlungsträger der untersuchten Artikel im christophorus offenbart eine Fokussierung auf das Unternehmen Porsche und die Automobilmarke: In über 50 Prozent der 58 näher untersuchten Beiträge ist ein *Angehöriger des Unternehmens* handelnde Person.

An dieser Stelle sei noch einmal auf die Definition von Baerns verwiesen, wonach Journalismus Fremddarstellung, Öffentlichkeitsarbeit hingegen Selbstdarstellung partikularer Interessen ist. Außerdem sei erwähnt, dass zahlreiche Autoren auf die in der Wissenschaft immer noch vorherrschende Dichotomisierung von Journalismus und Public Relations hinweisen: als gesellschaftlich wertvoll wird der Journalismus beschrieben, als manipulierend und gefährlich die Public Relations.[94]

Aufgrund der Ergebnisse der Analyse müssen nun die untersuchten Kundenzeitschriften nicht als dem Journalismus, sondern als den Public Relations zugehörig charakterisiert werden. Sie sind PR-Instrumente, die zum überwiegenden Teil der Selbstdarstellung der herausgebenden Unternehmen dienen und diese positiv darstellen. Allerdings haben die vier untersuchten Kundenzeitschriften auch, wie bereits erwähnt, journalistische Züge, die vornehmlich die *Verpackung*, also das Erscheinen als journalistisch gestaltete Zeitschrift, betreffen.

Vor dem Hintergrund der wertenden Gegenüberstellung von Journalismus und Public Relations muss folglich auch das PR-Instrument *Kundenzeitschrift* als *gefährlich* und *manipulierend* charakterisiert werden.

---

[94] Weitere Ausführungen hierzu finden sich in Abschnitt 4.1.

Im Zusammenhang mit Publikums- und Fachzeitschriften wirft Szyszka (2004b, 66) die Frage auf, ob „Produktberichterstattung" bzw. „Produkt-PR"[95] als „Absatzhelfer des Marketing" zu bewerten sind.

Bezogen auf Kundenzeitschriften ist vor diesem Hintergrund die Frage zu stellen, ob es verwerflich ist, dass diese ihre Inhalte zu einem großen Teil an dem herausgebenden Unternehmen und seinen Produkten ausrichten und dabei überwiegend positiv berichten.

Vielfach ist auch zu lesen, dass sich Journalismus und PR einander annäherten bzw. dass die Grenzen zwischen beiden fließend seien: Liedtke (2004, 653) verweist auf die „Degeneration der klassischen Zeitschriften zu bloßen Werbeträgern" und sieht „den Siegeszug von Promotion specials, Advertorials und anderen Gemeinschaftsproduktionen von Redaktion und Anzeigenabteilung" nahen. Auch Haas (2005, 229 f.) sieht in den so genannten Advertorials die Gefahr der Aufweichung des Trennungspostulats von Redaktion und Anzeigen. Und Menhard und Treede (2004, 103 ff.) bemerken eine zunehmende Einflussnahme der Anzeigenkunden auf die redaktionelle Berichterstattung.[96]

Diese Ausführungen verdeutlichen die Gefährdung der Autonomie des Journalismus. Letztlich scheinen die Grenzen zwischen Journalismus und PR bzw. Werbung zunehmend zu verschwinden; genau darin ist auch die *mediale Sonderstellung* der Kundenzeitschrift zu sehen: in ihr verschmelzen unabhängiger Journalismus und interessengesteuerte Public Relations. Allerdings ist eine Besonderheit der Kundenzeitschrift, im Gegensatz zu Produkt-PR als PR-induzierter Berichterstattung, dass ihr Absender, das herausgebende Unternehmen, deutlich zu erkennen ist.

---

[95] Damit sind „unbezahlte und unsignierte Publizitätsleistungen [im Gegensatz zu Anzeigen, Anmerk. N. K] in Massenmedien" gemeint, von denen sich Unternehmen u. a. eine Erhöhung ihres Bekanntheitsgrades, eine höhere Verbreitung von Produktwissen und nicht zuletzt größere Glaubwürdigkeitszuschreibungen seitens der Endabnehmer erhoffen (vgl. Szyszka 2004b, 67).

[96] Vergleiche hierzu auch Abschnitt 4.2.3.

## 7.2 Ausblick

Der Variantenreichtum und die Größe des Kundenzeitschriftenmarktes sowie die Vielseitigkeit des Mediums Kundenzeitschrift an sich verweisen auf ihre herausragende Stellung im Instrumentenmix der Unternehmenskommunikation. Ihrer Bedeutung in der Praxis wird die Wissenschaft nicht gerecht. Bisher wurde keine eindeutige publizistische Standortbestimmung erbracht. Auch an repräsentativen Studien – wie beispielsweise die *Armada* aus dem Jahr 2000 – mangelt es; so liegen nur sehr wenig valide und repräsentative Daten zur Bedeutung der Kundenzeitschrift, zu ihrer Wirkung und ihrer Nutzung durch die Leser vor. Zahlreiche Autoren und Praktiker, insbesondere der CP-Branche, fordern daher zurecht eine wissenschaftliche Beschäftigung mit dem Themenkomplex *Kundenzeitschriften in der Unternehmenskommunikation*.

In Anbetracht der Tatsache, dass zahlreiche Kundenzeitschriften, wie auch die vier ausgewählten Titel, in mehreren Sprachversionen in verschiedenen Ländern erscheinen, wäre es interessant, diese miteinander zu vergleichen: Welche Unterschiede und Gemeinsamkeiten bestehen zwischen den einzelnen Länderausgaben? Werden beispielsweise kulturelle und landesspezifische Besonderheiten berücksichtigt? Sowohl im Rahmen des Internationalen Marketing als auch im Zuge der Internationalisierung von PR bietet sich das Instrument Kundenzeitschrift als Forschungsfeld an.

Die oben diskutierte Annäherung von Journalismus und Public Relations auch in Publikums-, Fach- und Special-Interest-Zeitschriften legt einen Vergleich von Kundenmagazinen der Automobilbranche mit Titeln der Motorpresse wie z. B. *auto motor sport* oder *AUTO BILD* nahe. Wo liegen hier Unterschiede und Gemeinsamkeiten? Sind Grenzen zwischen Journalismus und PR erkennbar oder vermischt sich, wie in der Kundenzeitschrift, auch in der Motorpresse unabhängige journalistische Berichterstattung mit interessengeleiteten Public Relations?

Dass die CP-Branche optimistisch in die Zukunft blickt, unterstreicht z. B. die Gründung der ersten deutschen Corporate-Publishing-Akademie (CPA)[97] in Leipzig im Frühjahr 2005. Die gestiegene Nachfrage nach Fachkräften mache eine spezifische Ausbildung für die Schnittstelle zwischen Journalismus und Public Relations erforderlich (vgl. Schulte 2005).

Nicht von ungefähr titelte die *werben & verkaufen*-Sonderbeilage *Corporate Publishing* im Juni dieses Jahres „Aufbruch in neue Medienwelten" und verweist damit nicht nur auf die Aufbruchstimmung innerhalb der Branche, sondern auch auf die neuen CP-Medien.

Dazu gehören beispielsweise Weblogs, Podcasts oder Handy-TV – multimediale Kanäle, die momentan in der CP-Branche in aller Munde sind. Die Zukunft wird zeigen, ob solche elektronischen Anwendungen auch tatsächlich ihre Nutzer finden und inwiefern diese sie in ihren Alltag integrieren. So ist auch abzuwarten, ob die momentan als *Zauberformel* geltende „personalisierte Information" weiterhin das A und O der modernen CP-Kommunikation ist; zwar wird die Information immer individueller und der Zuschnitt auf die Bedürfnisse des Einzelnen wird fortwährend optimiert, dennoch bleibt offen, ob nicht irgendwann auch diese personalisierte Information in eine *Informationsflut-Welle* umschlägt.

Ein wesentlicher Vorteil der Kundenzeitschrift besteht darin, dass sie ihren jeweiligen Lesergruppen nicht nur individuell nutzbare Informationen über Produkte und Dienstleistungen des herausgebenden Unternehmens liefert, sondern dass sie darüber hinaus Unterhaltung sowie allgemeinen Service und Nutzen bieten kann.

Zur Zeit ist die Vormachtstellung der Kundenzeitschrift im Kanon der Unternehmensmedien jedenfalls ungebrochen; es wird sich herausstellen, ob das

---

[97] Die CPA ist ein Ausbildungsmodul innerhalb des Magister-Studiengangs *Kommunikations- und Medienwissenschaften* sowie innerhalb des BA-Studiengangs *PR/Kommunikationsmanagement* an der Universität Leipzig. Auch für Externe steht die Akademie im Rahmen von Weiterbildungsmaßnahmen offen (vgl. Schulte 2005).

Riepl'sche Gesetz weiterhin Gültigkeit behält und das Printmedium *Kunden-zeitschrift* seine Position halten kann.

# Literaturverzeichnis

[Altmeppen 2004] ALTMEPPEN, Klaus-Dieter: Entscheidungen und Koordinationen. Theorien zur Analyse von Basiskategorien journalistischen Handelns. In: LÖFFELHOLZ, Martin (Hrsg.): *Theorien des Journalismus : Ein diskursives Handbuch.* 2., vollst. überarb. und erw. Aufl. Wiesbaden : VS, Verl. für Sozialwiss., 2004, S. 419–433

[Altmeppen u. a. 2004] ALTMEPPEN, Klaus-Dieter ; RÖTTGER, Ulrike ; BENTELE, Günter: Public Relations und Journalismus : Eine lang andauernde und interessante Beziehungskiste. In: ALTMEPPEN, Klaus-Dieter (Hrsg.) ; RÖTTGER, Ulrike (Hrsg.) ; BENTELE, Günter (Hrsg.): *Schwierige Verhältnisse : Interdependenzen zwischen Journalismus und PR.* Wiesbaden : VS, Verl. für Sozialwiss., 2004, S. 7–15

[Audi AG 2006] AUDI AG: *Audi A Plus Programm.* 2006. – URL `http://www.audi.de/audi/de/de2/erlebniswelt/audi_a_plus_programm.html`. – Zugriffsdatum: 13. September 2006

[Baerns 1991] BAERNS, Barbara: *Öffentlichkeitsarbeit oder Journalismus? : Zum Einfluß im Mediensystem.* 2. Aufl. Köln : Verlag Wissenschaft u. Politik, 1991

[Bentele u. a. 1997] BENTELE, Günter ; LIEBERT, Tobias ; SEELING, Stefan: Von der Determination zur Intereffikation. Ein integriertes Modell zum Verhältnis von Public Relations und Journalismus. In: BENTELE, Günter

(Hrsg.) ; HALLER, Michael (Hrsg.): *Akutelle Entstehung von Öffentlichkeit : Akteure – Strukturen – Veränderungen.* Konstanz : UVK Medien, 1997, S. 225–250

[Bentele und Seidenglanz 2005] BENTELE, Günter ; SEIDENGLANZ, René: Vertrauen und Glaubwürdigkeit. In: BENTELE, Günter (Hrsg.) ; FRÖHLICH, Romy (Hrsg.) ; SZYSZKA, Peter (Hrsg.): *Handbuch der Public Relations : Wissenschaftliche Grundlagen und berufliches Handeln; mit Lexikon.* Wiesbaden : VS, Verl. für Sozialwiss., 2005, S. 346–360

[Bischl 2000] BISCHL, Katrin: *Die Mitarbeiterzeitung : Kommunikative Strategien der positiven Selbstdarstellung von Unternehmen.* Wiesbaden : Westdt. Verl., 2000

[Blöbaum 2004] BLÖBAUM, Bernd: Organisationen, Programme und Rollen. Die Struktur des Journalismus in systemtheoretischer Perspektive. In: LÖFFELHOLZ, Martin (Hrsg.): *Theorien des Journalismus : Ein diskursives Handbuch.* 2., vollst. überarb. und erw. Aufl. Wiesbaden : VS, Verl. für Sozialwiss., 2004, S. 201–215

[Brielmaier und Wolf 2000] BRIELMAIER, Peter ; WOLF, Eberhard: *Zeitungs- und Zeitschriftenlayout.* 2., aktualisierte Aufl. Konstanz : UVK Medien, 2000

[Brosius und Koschel 2001] BROSIUS, Hans-Bernd ; KOSCHEL, Friederike: *Methoden der empirischen Kommunikationsforschung : Eine Einführung.* Wiesbaden : Westdt. Verl., 2001

[Bruhn 2000] BRUHN, Manfred: Integrierte Kommunikation und Relationship Marketing. In: BRUHN, Manfred (Hrsg.) ; SCHMIDT, Siegfried J. (Hrsg.) ; TROPP, Jörg (Hrsg.): *Integrierte Kommunikation in Theorie und Praxis : Betriebswirtschaftliche und kommunikationswissenschaftliche Per-*

*spektiven ; mit Meinungen und Beispielen aus der Praxis.* Wiesbaden : Gabler u. a., 2000, S. 3–20

[Bruhn 2005] BRUHN, Manfred: *Kommunikationspolitik : Systematischer Einsatz der Kommunikation für Unternehmen.* 3., überarb. Aufl. München : Vahlen, 2005

[Bucher 2003] BUCHER, Hans-Jürgen: Journalistische Qualität und Theorien des Journalismus. In: BUCHER, Hans-Jürgen (Hrsg.) ; ALTMEPPEN, Klaus-Dieter (Hrsg.): *Qualität im Journalismus : Grundlagen – Dimensionen – Praxismodelle.* Wiesbaden : Westdt. Verl., 2003, S. 11–34

[Bücker 2005] BÜCKER, Max: Firmenmagazine wollen in die Mediapläne. In: *Absatzwirtschaft : Zeitschrift für Marketing* 48 (2005), Nr. 4, S. 82

[Burkart 1993] BURKART, Roland ; PELINKA, Anton (Hrsg.): *Public Relations als Konfliktmanagement : Ein Konzept für verständigungsorientierte Öffentlichkeitsarbeit.* Wien : Braumüller, 1993

[Burkart 2002] BURKART, Roland: *Kommunikationswissenschaft : Grundlagen und Problemfelder : Umrisse einer interdisziplinären Sozialwissenschaft.* 4., überarb. u. aktualisierte Aufl. Wien [u. a.] : Böhlau, 2002

[Derieth 1995] DERIETH, Anke: *Unternehmenskommunikation : Eine theoretische und empirische Analyse zur Kommunikationsqualität von Wirtschaftsorganisationen.* Opladen : Westdt. Verl., 1995

[Dernbach 1998] DERNBACH, Beatrice: Von der „Determination“ zur „Intereffikation“. In: *Public Relations Forum* 4 (1998), Nr. 2, S. 62–65

[Dernbach 2005] DERNBACH, Beatrice: Was schwarz auf weiß gedruckt ist... Vertrauen in Journalismus, Medien und Journalisten. In: DERNBACH,

Beatrice (Hrsg.) ; MEYER, Michael (Hrsg.): *Vertrauen und Glaubwürdigkeit : Interdisziplinäre Perspektiven.* Wiesbaden : VS, Verl. für Sozialwiss., 2005, S. 135–154

[Deutscher Journalisten-Verband 2006] DEUTSCHER JOURNALISTEN-VERBAND: *DJV – Berufsbild Journalist.* 2006. – URL http://www.djv.de/Hintergruende.217.0.html. – Zugriffsdatum: 9. Okotber 2006

[Eicher 2003] EICHER, Michaela: *Kundenzeitschriften : Imagegestaltung im Zeitschriftenformat? Eine Inhaltsanalyse zur Funktion von 9 Schweizer Kundenzeitschriften.* Zürich, Univ., Lizentiatsarbeit, 2003

[Eisend 2003] EISEND, Martin: *Glaubwürdigkeit in der Marketingkommunikation : Konzeption, Einflussfaktoren und Wirkungspotenzial.* Wiesbaden : Dt. Univ.-Verl., 2003

[FCP 2006a] FCP: *Best of Corporate Publishing.* 2006. – URL http://www.bcp-award.com/. – Zugriffsdatum: 19. Juni 2006

[FCP 2006b] FCP: *Best of Corporate Publishing 2006.* 2006. – URL http://www.bcp-award.com/Shortlist_BCP-2006_winner.pdf. – Zugriffsdatum: 19. Juni 2006

[FCP 2006c] FCP: *FCP – Das Profil.* 2006. – URL http://www.forum-corporate-publishing.de/FCP/dasProfil/index_dasProfil.html. – Zugriffsdatum: 17. Mai 2006

[FCP 2006d] FCP: *FCP – Der Verband.* 2006. – URL http://www.forum-corporate-publishing.de/FCP/derVerband/index_verband.html. – Zugriffsdatum: 17. Mai 2006

[FCP 2006e] FCP: *Neuer Auftritt für Audi Magazin.* 2006. – URL http://www.forum-corporate-publishing.de/showNewsInhalt.php?id=888. – Zugriffsdatum: 1. Dezember 2006

[Finke 2005] FINKE, Michael: Warum überhaupt ein Audi-Magazin? In: DÖRFEL, Lars (Hrsg.): *Strategisches Corporate Publishing : Konzepte, Tools und Innovationen.* Berlin : Helios, 2005, S. 81–91

[Fösken 2004] FÖSKEN, Sandra: Lösungen nicht für jeden Kunden. In: *Absatzwirtschaft : Zeitschrift für Marketing* 47 (2004), Nr. 12, S. 106–110

[Fösken 2006] FÖSKEN, Sandra: Wellness und Gesundheit – hält der Trend an? In: *Absatzwirtschaft : Zeitschrift für Marketing* 49 (2006), Nr. 2, S. 70–73

[Früh 2004] FRÜH, Werner: *Inhaltsanalyse : Theorie und Praxis.* Unveränd. Nachdr. der 5. Aufl. von 2001. Konstanz : UVK Verl.-Ges., 2004

[Giovanelli 2004] GIOVANELLI, Iris: *Kundenzeitschriften zwischen Public Relations und Journalismus : Eine Analyse von journalistischen Merkmalen in Schweizer Kundenzeitschriften aus publizistikwissenschaftlicher Perspektive.* Zürich, Univ., Lizentiatsarbeit, 2004

[Grunig und Hunt 1984] GRUNIG, James E. ; HUNT, Todd: *Managing public relations.* New York [u. a.] : Holt, Rinehart and Winston, 1984

[GWP media-marketing 2006] GWP MEDIA-MARKETING: *Anzeigenpreise Mercedesmagazin.* 2006. – URL http://www.gwp.de/gwpwwwangebot/fn/gwp/sfn/buildpage/cn/bp_show_page/page/A2B4C1D5E1/ssubnav1/PAGE_1136/root/PAGE_528/strucid/PAGE_544/ssubnav1/PAGE_1134/subnav/1/index.html. – Zugriffsdatum: 12. November 2006

[Haas 2005] HAAS, Hannes: Mediengattungen. In: WEISCHENBERG, Siegfried (Hrsg.) ; KLEINSTEUBER, Hans J. (Hrsg.) ; PÖRKSEN, Bernhard (Hrsg.): *Handbuch Journalismus und Medien*. Konstanz : UVK Verl.-Ges., 2005, S. 225–229

[Hardenbicker 1999] HARDENBICKER, Markus: *Kundenzeitschriften : Ein linguistischer Beschreibungsansatz auf kommunikationsanalytischer Grundlage*. Frankfurt/Oder : Viademica-Verl., 1999

[Hasenbeck 2006] HASENBECK, Manfred: Der Druck wächst. In: *w&v corporate publishing* 44 (2006), Nr. 26, S. 38

[Heijnk 1998] HEIJNK, Stefan: Starker Trend in Richtung Camouflage. In: *Sage & Schreibe : die Zeitschrift für Medienberufe* (1998), Nr. 4, S. 10–11

[Hermes 2003] HERMES, Vera: Kundenzeitschriften müssen sich endlich auch dem Primat des Marketings beugen! In: *Direkt Marketing : Zeitschrift für ganzheitliche Kundenorientierung* 39 (2003), Nr. 11, S. 30–31

[Hönig 1998] HÖNIG, Klaus: Nur wenige können mithalten. In: *Sage & Schreibe : die Zeitschrift für Medienberufe* (1998), Nr. 4, S. 12–13

[Hoffmann 2005] HOFFMANN, Thomas: Es ist wieder Bewegung in den Markt gekommen. In: *Media Spectrum* 25 (2005), Nr. 4, S. 10–13

[Hoffmann und Campe Corporate Publishing 2006] HOFFMANN UND CAMPE CORPORATE PUBLISHING: *Corporate Magazine*. 2006. – URL http://cp.hoca.de/oausg.php4?id=1. – Zugriffsdatum: 19. Juni 2006

[Hunger 2005] HUNGER, Anton: Christophorus – zur Etablierung einer Marke im Corporate Publishing. In: DÖRFEL, Lars (Hrsg.): *Strategisches Corporate Publishing : Konzepte, Tools und Innovationen*. Berlin : Helios, 2005, S. 73–79

[Hunt und Grunig 1994] HUNT, Todd ; GRUNIG, James E.: *Public relations techniques*. Fort Worth : Harcourt Brace, 1994

[IVW 2001] IVW: *Richtlinien für die IVW-Auflagenkontrolle von Kundenzeitschriften*. 2001. – URL http://www.ivw.eu/index.php?menu id=13. – Zugriffsdatum: 9. Juni 2006

[IVW 2006a] IVW: *Auflagenzahlen Print*. 2006. – URL http://www.ivw.de/auflagen2/web/registriert/index_regged.htm. – Zugriffsdatum: 10. Mai 2006

[IVW 2006b] IVW: *Die IVW – Tätigkeit*. 2006. – URL http://www.ivw.eu/index.php?menuid=8. – Zugriffsdatum: 8. Juni 2006

[Jahreszeitenverlag 2006] JAHRESZEITENVERLAG: *Corporate Publishing*. 2006. – URL http://www.jalag.de/318.0.html. – Zugriffsdatum: 19. Juni 2006

[Jarren und Röttger 2005] JARREN, Otfried ; RÖTTGER, Ulrike: Public Relations aus kommunikationswissenschaftlicher Perspektive. In: BENTELE, Günter (Hrsg.) ; FRÖHLICH, Romy (Hrsg.) ; SZYSZKA, Peter (Hrsg.): *Handbuch der Public Relations : Wissenschaftliche Grundlagen und berufliches Handeln; mit Lexikon*. Wiesbaden : VS, Verl. für Sozialwiss., 2005, S. 19–36

[Karepin 1991] KAREPIN, Rolf: König Kunde. In: *Media Spectrum* 43 (1991), Nr. 3, S. 46–47

[Kerlikowsky 1967] KERLIKOWSKY, Horst: *Die Kundenzeitschrift : Ein Public-Relations-Problem unter Berücksichtigung der Werk-, Haus- und Aktionärszeitschrift sowie der Gratis-Anzeiger*. Berlin, Univ., Diss., 1967

[Kohring 2004] KOHRING, Matthias: Journalismus als soziales System. Grundlagen einer systemtheoretischen Journalismustheorie. In: LÖFFEL-

HOLZ, Martin (Hrsg.): *Theorien des Journalismus : Ein diskursives Handbuch.* 2., vollst. überarb. und erw. Aufl. Wiesbaden : VS, Verl. für Sozialwiss., 2004, S. 185–200

[Küppers 2003] KÜPPERS, Britta: *Das Marketing-Instrument Kundenzeitschrift im Rahmen des Kommunikationsmanagements.* Lüneburg, Univ., Magisterarbeit, 2003

[Kramer 2005] KRAMER, Natascha: Kundenzeitschriften heute : Zwischen PR und Journalismus? In: KLEWES, Joachim (Hrsg.): *Unternehmenskommunikation auf dem Prüfstand : Aktuelle empirische Ergebnisse zum Reputation Marketing.* Wiesbaden : Dt. Univ.-Verl., 2005, S. 183–222

[Kropff 1960] KROPFF, H. F. J.: Synthese von Journalismus, industrieller Publizität und Public Relations, exemplifiziert an schönen Hauszeitschriften. In: *Publizistik : Zeitschrift für die Wissenschaft von Presse, Rundfunk, Film, Rhetorik, Werbung und Meinungsbildung* 5 (1960), Nr. 6, S. 491–504

[Kunczik und Zipfel 2005] KUNCZIK, Michael ; ZIPFEL, Astrid: *Publizistik : Ein Studienhandbuch.* 2., durchges. u. aktualisierte Aufl. Köln [u. a.] : Böhlau, 2005

[Kunz 2006] KUNZ, Martin: Der heimliche Bestseller. In: *Focus : Das moderne Nachrichtenmagazin* 14 (2006), Nr. 2, S. 86–88

[Laakmann 2005] LAAKMANN, Kai: Internationalisierung des Corporate Publishing. In: DÖRFEL, Lars (Hrsg.): *Strategisches Corporate Publishing : Konzepte, Tools und Innovationen.* Berlin : Helios, 2005, S. 125–126

[Liedtke 2004] LIEDTKE, Klaus: Schlüsselwort Glaubwürdigkeit. In: MAST, Claudia (Hrsg.): *ABC des Journalismus : Ein Handbuch.* 10., völlig neue Aufl. Konstanz : UVK Verl.-Ges., 2004, S. 653–656

[Löffelholz 2004a] LÖFFELHOLZ, Martin: Ein privilegiertes Verhältnis. Theorien zur Analyse der Inter-Relationen von Journalismus und Öffentlichkeitsarbeit. In: LÖFFELHOLZ, Martin (Hrsg.): *Theorien des Journalismus : Ein diskursives Handbuch.* 2., vollst. überarb. und erw. Aufl. Wiesbaden : VS, Verl. für Sozialwiss., 2004, S. 471–485

[Löffelholz 2004b] LÖFFELHOLZ, Martin: Theorien des Journalismus. Eine historische, metatheoretische und synoptische Einführung. In: LÖFFELHOLZ, Martin (Hrsg.): *Theorien des Journalismus : Ein diskursives Handbuch.* 2., vollst. überarb. und erw. Aufl. Wiesbaden : VS, Verl. für Sozialwiss., 2004, S. 17–63

[Lücke 2005] LÜCKE, Richard: *Fakten, Trends und Perspektiven. Konzeption, Herstellung und Vertrieb von Kundenzeitschriften.* Bonn : Deutsche Post AG, 2005

[Martini 1998] MARTINI, Bernd-Jürgen: Exklusiv für Kunden. In: *Journalist : Das deutsche Medienmagazin* 48 (1998), Nr. 5, S. 45–47

[Mast 2002] MAST, Claudia: *Unternehmenskommunikation : Ein Leitfaden.* Stuttgart : Lucius und Lucius, 2002

[Mast u. a. 2005] MAST, Claudia ; HUCK, Simone ; GÜLLER, Karoline: *Kundenkommunikation : Ein Leitfaden ; mit zahlreichen Praxisbeispielen.* Stuttgart : Lucius und Lucius, 2005

[Menhard und Treede 2004] MENHARD, Edigna ; TREEDE, Tilo: *Die Zeitschrift : Von der Idee bis zur Vermarktung.* Konstanz : UKV Verl.-Ges., 2004

[Mercedes-Benz 2006] MERCEDES-BENZ: *Mercedes-Benz Magazine.* 2006. – URL `http://www.mercedes-benz.com/content/mbcom/international/international_website/de/com/international_home/home/passion/magazine.html`. – Zugriffsdatum: 19. Juni 2006

[Merten 1995] MERTEN, Klaus: *Inhaltsanalyse : Einführung in Theorie, Methode und Praxis.* 2., verb. Aufl. Opladen : Westdt. Verl., 1995

[Merten 2004] MERTEN, Klaus: Mikro, Mikro-Makro oder Makro? Zum Verhältnis von Journalismus und PR aus systemischer Perspektive. In: ALTMEPPEN, Klaus-Dieter (Hrsg.) ; RÖTTGER, Ulrike (Hrsg.) ; BENTELE, Günter (Hrsg.): *Schwierige Verhältnisse : Interdependenzen zwischen Journalismus und PR.* Wiesbaden : VS, Verl. für Sozialwiss., 2004, S. 17–36

[Müller 1998] MÜLLER, Frank: *Die Kundenzeitschrift : Eine empirische Untersuchung über Funktionen, Wirkungen, Erfolg und Management eines Instrumentes der Unternehmenskommunikation.* St. Gallen, Univ., Diss., 1998

[Ott 2005] OTT, Ulrich: Zwischen kompetenten Ratgebern und Trojanischen Pferden – Nutzwertorientierte Public Relations bauen Image und Vertrauen auf. In: KÖHLER, Tanja (Hrsg.) ; SCHAFFRANIETZ, Adrian (Hrsg.): *Public Relations : Perspektiven und Potenziale im 21. Jahrhundert.* 2., durchges. Aufl. Wiesbaden : VS, Verl. für Sozialwiss., 2005, S. 79–86

[Pflaum und Linxweiler 1998] PFLAUM, Dieter ; LINXWEILER, Richard: *Public Relations der Unternehmung.* Landsberg/Lech : Verl. Moderne Industrie, 1998

[Pütter 2006] PÜTTER, Christiane: Was will das Weib? In: *w&v corporate publishing* 44 (2006), Nr. 26, S. 26–27

[Reuter 2006] REUTER, Patrick: Ein Wettbewerb etabliert sich. In: *acquisa : Das Magazin für Marketing und Vertrieb* 54 (2006), Nr. 7/8, S. 36–39

[Riepl 1972] RIEPL, Wolfgang: *Das Nachrichtenwesen des Altertums : Mit besonderer Rücksicht auf die Römer.* Nachdr. d. Ausg. Leipzig 1913. Hildesheim, New York : Olms, 1972 [van Rinsum 2001] RINSUM, Helmut van: Stufe zwei zündet. In: *w&v Analysen und Trends : Kundenmagazine* 39 (2001), Nr. 16, S. 10–12

[Robens und Rau 2005] ROBENS, Herbert ; RAU, Thorsten: *Kundenzeitschriften : Stellenwert in Theorie und Praxis des Marketing*. Aachen : Betriebswirtschaftl. Verl. Robens., 2005

[Rolke 2002] ROLKE, Lothar: Unternehmenskommunikation in Deutschland : Auf dem Weg zum monetären Leitprinzip und kommunikationsbasierten Stakeholder-Kompass, Teil 2. In: *Public Relations Forum* 8 (2002), Nr. 1, S. 12–16

[Rolke 2005] ROLKE, Lothar: PR vor dem Aufbruch – die Chance der Corporate Publisher. In: DÖRFEL, Lars (Hrsg.): *Strategisches Corporate Publishing : Konzepte, Tools und Innovationen*. Berlin : Helios, 2005, S. 123–124

[Ronneberger und Rühl 1992] RONNEBERGER, Franz ; RÜHL, Manfred: *Theorie der Public Relations : Ein Entwurf*. Opladen : Westdt. Verl., 1992

[Rössler 2005] RÖSSLER, Patrick: *Inhaltsanalyse*. Konstanz : UVK Verl.-Ges., 2005

[Röttger 2000] RÖTTGER, Ulrike: *Public Relations – Organisation und Profession*. Wiesbaden : Westdt. Verl., 2000

[Röttger 2001] RÖTTGER, Ulrike: Kundenmagazine sind Grenzgänger. In: *Marketing und Kommunikation* 29 (2001), Nr. 12, S. 6–7

[Röttger 2002] RÖTTGER, Ulrike: Kundenzeitschriften: Camouflage, Kuckucksei oder kompetente Information? In: VOGEL, Andreas (Hrsg.) ; HOLTZ-BACHA, Christina (Hrsg.): *Zeitschriften und Zeitschriftenforschung*. Publizistik : Sonderheft 3. Wiesbaden : Westdt. Verl., 2002, S. 107–125

[Röttger 2004] RÖTTGER, Ulrike: Welche Theorien für welche PR? In: RÖTTGER, Ulrike (Hrsg.): *Theorien der Public Relations : Grundlagen und Perspektiven der PR-Forschung.* Wiesbaden : VS, Verl. für Sozialwiss., 2004, S. 7–22

[Röttger 2005] RÖTTGER, Ulrike: Public Relations. In: BONFADELLI, Heinz (Hrsg.) ; JARREN, Otfried (Hrsg.) ; SIEGERT, Gabriele (Hrsg.): *Einführung in die Publizistikwissenschaft.* 2., vollst. überarb. Aufl. Bern [u. a.] : Haupt, 2005, S. 331–357

[Rühl 1969] RÜHL, Manfred: *Die Zeitungsredaktion als organisiertes soziales System.* Bielefeld : Bertelsmann-Universitätsverl., 1969

[Rühl 1992] RÜHL, Manfred: Theorie des Journalismus. In: BURKART, Roland (Hrsg.) ; HÖMBERG, Walter (Hrsg.): *Kommunikationstheorien : Ein Textbuch zur Einführung.* Wien : Braunmüller, 1992, S. 117–133

[Ruhrmann 1994] RUHRMANN, Georg: Ereignis, Nachricht und Rezipient. In: MERTEN, Klaus (Hrsg.) ; SCHMIDT, Siegfried J. (Hrsg.) ; WEISCHENBERG, Siegfried (Hrsg.): *Die Wirklichkeit der Medien : Eine Einführung in die Kommunikationswissenschaft.* Opladen : Westdt. Verl., 1994, S. 237–256

[Schaffrath 2000] SCHAFFRATH, Michael: Zeitung. In: FAULSTICH, Werner (Hrsg.): *Grundwissen Medien.* 4. Aufl. München : Fink, 2000, S. 433–451

[Schmitz 2004] SCHMITZ, Thomas: *Kundenzeitschriften : Mehrwert für Marken.* Göttingen : BusinessVillage, 2004

[Schneider und Raue 1996] SCHNEIDER, Wolf ; RAUE, Paul-Josef: *Handbuch des Journalismus.* Reinbek bei Hamburg : Rowohlt, 1996

[Scholl und Weischenberg 1998] SCHOLL, Armin ; WEISCHENBERG, Siegfried: *Journalismus in der Gesellschaft : Theorie, Methodologie und Empirie*. Opladen [u. a.] : Westdt. Verl., 1998

[Schulte 2005] SCHULTE, Volker: *Erste Akademie für Unternehmenspublizistik*. 2005. – URL `http://db.uni-leipzig.de/aktuell/index.php?modus=pmanzeige&pm_id=1885`. – Zugriffsdatum: 1. Dezember 2006

[Schulz 1976] SCHULZ, Winfried: *Die Konstruktion von Realität in den Nachrichtenmedien : Analyse der aktuellen Berichterstattung*. Freiburg [u. a.] : Alber, 1976

[Schulz 2000a] SCHULZ, Winfried: Inhaltsanalyse. In: NOELLE-NEUMANN, Elisabeth (Hrsg.) ; SCHULZ, Winfried (Hrsg.) ; WILKE, Jürgen (Hrsg.): *Das Fischer-Lexikon : Publizistik, Massenkommunikation*. 7. Aufl. Frankfurt am Main : Fischer-Taschenbuch-Verl., 2000, S. 41–63

[Schulz 2000b] SCHULZ, Winfried: Nachricht. In: NOELLE-NEUMANN, Elisabeth (Hrsg.) ; SCHULZ, Winfried (Hrsg.) ; WILKE, Jürgen (Hrsg.): *Das Fischer-Lexikon : Publizistik, Massenkommunikation*. 7. Aufl. Frankfurt am Main : Fischer-Taschenbuch-Verl., 2000, S. 307–337

[Schuppener und Schuppener 2005] SCHUPPENER, Bernd ; SCHUPPENER, Nina: Kommunikationsmanagement – Kommunikation als Wertschöpfungsfaktor. In: KÖHLER, Tanja (Hrsg.) ; SCHAFFRANIETZ, Adrian (Hrsg.): *Public Relations : Perspektiven und Potenziale im 21. Jahrhundert*. 2., durchges. Aufl. Wiesbaden : VS, Verl. für Sozialwiss., 2005, S. 193–199

[Spitzer-Ewersmann 2006] SPITZER-EWERSMANN, Claus: Optimistisch wie noch nie. In: *w&v corporate publishing* 44 (2006), Nr. 26, S. 4–8

[Staab 1990] STAAB, Joachim F.: *Nachrichtenwert-Theorie : Formale Struktur und empirischer Gehalt.* Freiburg [u. a.] : Alber, 1990

[Steinmetz 2004] STEINMETZ, Heike: *Erfolgsfaktor Kundenzeitschrift : Von der Idee zum Vertrieb.* Frankfurt am Main : Redline Wirtschaft bei Verl. Moderne Industrie, 2004

[Studie Kosten und Organisation 2005] O. V. ; INSTITUT FÜR JOURNALISMUS UND PUBLIC RELATIONS DER FH GELSENKIRCHEN (Hrsg.) ; PLAN P. GMBH (Hrsg.) ; KONZEPTHAUS GMBH (Hrsg.): *Studie: Kundenzeitschriften 2005. Kosten und Organisation.* Gelsenkirchen, 2005

[Szyszka 2004a] SZYSZKA, Peter: Fachjournalisten als Absatzhelfer des Marketings? In: DEUTSCHER FACHJOURNALISTEN-VERBAND (Hrsg.): *Fachjournalismus : Expertenwissen professionell vermitteln.* Konstanz : UVK Verl.-Ges., 2004, S. 181–195

[Szyszka 2004b] SZYSZKA, Peter: Produkt-PR und Journalismus. Annäherung an eine verschwiegene Win-Win-Situation. In: RAUPP, Juliana (Hrsg.) ; KLEWES, Joachim (Hrsg.): *Quo vadis Public Relations? : Auf dem Weg zum Kommunikationsmanagement ; Bestandsaufnahmen und Entwicklungen.* Wiesbaden : VS, Verl. für Sozialwiss., 2004, S. 66–78

[Szyszka 2005a] SZYSZKA, Peter: Integrierte Kommunikation als Kommunikationsmanagement – Positionen – Probleme – Perspektiven. In: KÖHLER, Tanja (Hrsg.) ; SCHAFFRANIETZ, Adrian (Hrsg.): *Public Relations : Perspektiven und Potenziale im 21. Jahrhundert.* 2., durchges. Aufl. Wiesbaden : VS, Verl. für Sozialwiss., 2005, S. 177–191

[Szyszka 2005b] SZYSZKA, Peter: Organisationsbezogene Ansätze. In: BENTELE, Günter (Hrsg.) ; FRÖHLICH, Romy (Hrsg.) ; SZYSZKA, Peter (Hrsg.): *Handbuch der Public Relations : Wissenschaftliche Grundlagen und berufliches Handeln; mit Lexikon.* Wiesbaden : VS, Verl. für Sozialwiss., 2005, S. 161–176

[VDZ – Verband Deutscher Zeitschriftenverleger 2006] VDZ – VERBAND DEUTSCHER ZEITSCHRIFTENVERLEGER: *Branchendaten Publikumszeitschriften.* 2006. – URL http://www.vdz.de/mediabase/documents/37_extern_Branchendaten_PZ_2005_1-13_kh.pdf. – Zugriffsdatum: 17. August 2006

[Vogel 1998] VOGEL, Andreas: *Die populäre Presse in Deutschland : Ihre Grundlagen, Strukturen und Strategien.* München : Fischer, 1998

[Wadlinger 2005] WADLINGER, Christof: Nicht nur für Hausfrauen. In: *w&v corporate publishing* 43 (2005), Nr. 27, S. 32–36

[Wahl 1989] WAHL, Ulrike G.: *Kommunizieren über Kommunikation : Die Bertelsmann Briefe von 1960-1985 ; Inhaltsanalyse und Positionierung einer Zeitschrift im Spannungsfeld zwischen Public Relations und Fachinformation.* Bochum : Studienverl. Brockmeyer, 1989

[Wahl 1993] WAHL, Ulrike G.: PR-Zeitschriften als Mittel der unternehmerischen Informationspolitik. In: FISCHER, Heinz-D. (Hrsg.) ; WAHL, Ulrike G. (Hrsg.): *Public Relations : Geschichte – Grundlagen – Grenzziehungen = Öffentlichkeitsarbeit.* Frankfurt am Main [u. a.] : Lang, 1993, S. 291–308

[Wallisch 1995] WALLISCH, Gianluca: *Journalistische Qualität : Definitionen – Modelle – Kritik.* Konstanz : UVK Verl.-Ges., 1995

[WDV 2006] WDV: *Die Bleibgesund-Titelfamilie.* 2006. – URL http://www.wdv.de/rd/pdf/Bg_Fam2_Mediadaten2006n.pdf. – Zugriffsdatum: 18. Mai 2006

[Weber 2004] WEBER, Stefan: Gemeinsamkeiten statt Unterschiede zwischen Journalismus und PR. In: ALTMEPPEN, Klaus-Dieter (Hrsg.) ; RÖTTGER, Ulrike (Hrsg.) ; BENTELE, Günter (Hrsg.): *Schwierige Verhältnisse : Interdependenzen zwischen Journalismus und PR.* Wiesbaden : VS, Verl. für Sozialwiss., 2004, S. 53–66

[Weichler 2003] WEICHLER, Kurt: *Redaktionsmanagement.* Konstanz : UVK Verl.-Ges., 2003

[Weichler und Endrös 2005] WEICHLER, Kurt ; ENDRÖS, Stefan: *Die Kundenzeitschrift.* Konstanz : UVK Verl.-Ges., 2005

[Weischenberg 2004a] WEISCHENBERG, Siegfried: *Journalistik. Medienkommunikation : Theorie und Praxis. Band 1: Mediensysteme – Medienethik – Mediensituation.* 3. Aufl. Wiesbaden : VS Verl. für Sozialwiss., 2004

[Weischenberg 2004b] WEISCHENBERG, Siegfried: *Journalistik. Medienkommunikation : Theorie und Praxis. Band 2: Medientechnik, Medienfunktionen, Medienakteure.* Opladen [u. a.] : Westdt. Verl., 2004

[Westerbarkey 1995] WESTERBARKEY, Joachim: Journalismus und Öffentlichkeit. Aspekte publizistischer Interdependenz und Interpenetration. In: *Publizistik : Vierteljahreshefte für Kommunikationsforschung* 40 (1995), Nr. 2, S. 152–162

[Winter 2000] WINTER, Carsten: Zeitschrift. In: FAULSTICH, Werner (Hrsg.): *Grundwissen Medien.* 4. Aufl. München : Fink, 2000, S. 413–432

[Wolff 2006] WOLFF, Volker: *ABC des Zeitungs- und Zeitschriftenjournalismus.* Konstanz : UVK Verl.-Ges., 2006

[Wyss 2002] WYSS, Vinzenz: *Redaktionelles Qualitätsmanagement : Ziele, Normen, Ressourcen.* Konstanz : UVK Verl.-Ges., 2002

[Wyss u. a. 2005] WYSS, Vinzenz ; PÜHRINGER, Karin ; MEIER, Werner A.: Journalismusforschung. In: BONFADELLI, Heinz (Hrsg.) ; JARREN, Otfried (Hrsg.) ; SIEGERT, Gabriele (Hrsg.): *Einführung in die Publizistikwissenschaft.* 2., vollst. überarb. Aufl. Bern [u. a.] : Haupt, 2005, S. 297–330

[Zerfaß 2004] ZERFASS, Ansgar: *Unternehmungsführung und Öffentlichkeitsarbeit : Grundlegung einer Theorie der Unternehmenskommunikation und Public Relations.* 2., erg. Aufl. Wiesbaden : VS, Verl. für Sozialwiss., 2004

[Zimpel 2005] ZIMPEL: Kundenmagazine : Your key to a rising market. In: *Zimpel Kundenmagazine* 2 (2005), April

[Zimpel 2006a] ZIMPEL, Verlag D.: *Zimpel – Über uns.* 2006. – URL `http://www.zimpel.de/html/kontakt/verlag.htm`. – Zugriffsdatum: 18. Mai 2006

[Zimpel 2006b] ZIMPEL, Verlag D.: *Zimpel – Kundenmagazine.* 2006. – URL `http://www.zimpel.de/kundenmagazine/`. – Zugriffsdatum: 24. Juli 2006

[Z&S Mediateam GmbH 2006] Z&S MEDIATEAM GMBH: *Magazine.* 2006. – URL `http://www.zs-mediateam.de/?sel=84`. – Zugriffsdatum: 19. Juni 2006

# Anhang A

# Codebuch

Das Sample der Inhaltsanalyse umfasst vier Kundenmagazine aus dem B2c-Bereich des Premium-Segments der Automobilbranche: das Audi Magazin, das BMW Magazin, christophorus – Das Porsche Magazin sowie das Mercedesmagazin. Es werden jeweils vier Ausgaben jedes Titels sowohl auf Heft- als auch auf Artikelebene untersucht. Die Ausgaben sind zwischen Juni 2005 und April 2006 erschienen.

## 1 Heftbezogene Untersuchung

Für die Analyse der heftbezogenen Daten ist die jeweilige Analyseeinheit das gesamte Heft.

### 1.1 Identifikationsvariablen für heftbezogene Untersuchung

Die Variablen *V1* und *V2* dienen der Zuordnung der erhobenen Daten zur betrachteten Analyseeinheit, also zu genau einer Ausgabe eines bestimmten Titels.

### 1.1.1 Titel

| Var. | Ausprägung | Code |
|---|---|---|
| **V1** | Audi Magazin | 1 |
| | BMW Magazin | 2 |
| | christophorus | 3 |
| | Mercedesmagazin | 4 |

### 1.1.2 Ausgabe

| Var. | Ausprägung | | | | Code |
|---|---|---|---|---|---|
| | Audi Magazin | BMW Magazin | christophorus | Mercedesmagazin | |
| **V2** | 3/05 | 3/05 | Okt./Nov. 05 | 3/05 | 1 |
| | 4/05 | 4/05 | Dez. 05/Jan. 06 | 4/05 | 2 |
| | 1/06 | 1/06 | Feb./März 06 | 1/06 | 3 |
| | 2/06 | 2/06 | April/Mai 06 | 2/06 | 4 |

Die Kundenzeitschrift christophorus hat als einziges der vier vorliegenden Magazine eine zweimonatige Erscheinungsweise. Die jährlich sechs erscheinenden Ausgaben sind Doppelnummern (z. B. Ausgabe Oktober/November 2005). Die übrigen drei Kundenzeitschriften erscheinen jeweils vierteljährlich: z. B. ist Ausgabe 3/05 also die dritte Ausgabe des Jahres für die Monate Juli, August und September.

## 1.2 Heftumfang

| Var. | Ausprägung | Code |
|---|---|---|
| **V3** | Heftumfang in Seiten | *xx* |

Zur Bestimmung des Heftumfangs werden die Umschlagseiten *zwei*, *drei* und *vier* mitgezählt, da auch die Anzeigen auf diesen Seiten in die Analyse einbezogen werden; die Umschlagseite *eins* (Titelseite) wird hingegen nicht mitgezählt.

## 1.3 Anzeigen

Beikleber und ähnliche Anzeigenformen, die keine Paginierung (Seitennummerierung) aufweisen, werden nicht codiert.

### 1.3.1 Eigenanzeigen

| Var. | Ausprägung | Code |
|---|---|---|
| **V4.1** | Anzahl Anzeigen im Format 1/3 | *xx* |
| **V4.2** | Anzahl Anzeigen im Format 1/2 | *xx* |
| **V4.3** | Anzahl Anzeigen im Format 2/3 | *xx* |
| **V4.4** | Anzahl Anzeigen im Format 1/1 | *xx* |
| **V4.5** | Anzahl Anzeigen im Format 2/1 | *xx* |

Als *Eigenanzeigen* werden, neben Anzeigen des jeweiligen herausgebenden Unternehmens (z. B.: Mercedes-Benz wirbt für sich selbst), auch solche codiert, die für ein Tochterunternehmen bzw. für ein anderes Konzernunternehmen werben; eine Anzeige der DaimlerChrysler Bank gilt also als *Eigenanzeige* im Mercedesmagazin. Anzeigen, die für ein Abonnement der jeweiligen Kundenzeitschrift werben, werden auch als *Eigenanzeige* codiert, ebenso Anzeigen, die für Club-Mitgliedschaften (z. B. Audi A Plus-Programm oder Porsche Club Deutschland) werben.

### 1.3.2 Fremdanzeigen mit Unternehmens-/Produktbezug

| Var. | Ausprägung | Code |
|---|---|---|
| **V5.1** | Anzahl Anzeigen im Format 1/3 | *xx* |
| **V5.2** | Anzahl Anzeigen im Format 1/2 | *xx* |
| **V5.3** | Anzahl Anzeigen im Format 2/3 | *xx* |
| **V5.4** | Anzahl Anzeigen im Format 1/1 | *xx* |
| **V5.5** | Anzahl Anzeigen im Format 2/1 | *xx* |

Bei *Fremdanzeigen mit Unternehmens-/Produktbezug* handelt es sich um Anzeigen konzernfremder Unternehmen. Sie zeigen allerdings Fahrzeuge einer der vier Marken Audi, BMW, Porsche oder Mercedes-Benz oder Ausschnitte davon oder das Logo der jeweiligen Marke oder die Marke bzw. das Unternehmen (Audi, BMW, Porsche oder Mercedes-Benz) sind namentlich im Text genannt. Beispielsweise zeigt eine Anzeige des Kofferherstellers Rimowa im Mercedesmagazin ein Fahrzeug der Marke Mercedes-Benz, welches mit Rimowa-Koffern beladen wird. Nicht codiert werden hier Anzeigen, die nur einen Bezug zur Automobilbranche und deren Produkte allgemein haben wie beispielsweise Reifen-oder Motorenölhersteller; sie gelten, sofern kein Bezug zum herausgebenden Unternehmen zu erkennen ist, als *Fremdanzeige ohne Bezug*.

### 1.3.3 Fremdanzeigen ohne Unternehmens-/Produktbezug

| Var. | Ausprägung | Code |
|---|---|---|
| **V6.1** | Anzahl Anzeigen im Format 1/3 | *xx* |
| **V6.2** | Anzahl Anzeigen im Format 1/2 | *xx* |
| **V6.3** | Anzahl Anzeigen im Format 2/3 | *xx* |
| **V6.4** | Anzahl Anzeigen im Format 1/1 | *xx* |
| **V6.5** | Anzahl Anzeigen im Format 2/1 | *xx* |

Bei *Fremdanzeigen ohne Unternehmens-/Produktbezug* handelt es sich um Anzeigen konzernfremder Unternehmen, die keinen Bezug durch entsprechende Abbildungen oder Texte (vgl. *Fremdanzeige mit Bezug*) zu dem jeweils herausgebenden Unternehmen herstellen, sondern sozusagen *neutral* für sich und ihre Produkte werben.

## 1.4 Rubriken

| Var. | Ausprägung | Code |
|---|---|---|
| **V7** | nicht vorhanden | 0 |
| | vorhanden | 1 |

## 1.5 Standardseiten

| Var. | Bezeichnung der Variable | |
|---|---|---|
| | Ausprägung | Code |
| **V8.1** | **Editorial** | |
| | nicht vorhanden | 0 |
| | vorhanden | 1 |
| **V8.2** | **Inhaltsverzeichnis** | |
| | nicht vorhanden | 0 |
| | vorhanden | 1 |
| **V8.3** | **Impressum** | |
| | nicht vorhanden | 0 |
| | vorhanden | 1 |
| **V8.4** | **Service-Seiten** | |
| | nicht vorhanden | 0 |
| | vorhanden | 1 |

Zu den *Service-Seiten* gehören:

**Veranstaltungstipps allgemein** Kulturveranstaltungen wie Konzerte, Theateraufführungen oder Ausstellungen, Filmpremieren sowie Hotels und Restaurants, Reisetipps (im BMW Magazin z. B. *Hin und weg*, im Mercedesmagazin *Holiday*).

**Termine und Events – branchen- und unternehmensbezogen** wie Promotiontouren oder Messen, Rennsport und andere Sportveranstaltungen (z. B. Sponsoring-Events).

**Shop** hier präsentiert das jeweilige Unternehmen Produkte und Dienstleistungen rund um sein Automobil wie technisches Zubehör, Extras für die Ausstattung, Versicherungen oder Finanzierungsangebote, auch Accessoires und Bekleidung der jeweiligen Marke (z. B. Sportbekleidung, Schmuck oder Taschen), Bücher und Kalender (als Beispiel : *Porsche Tequipment* oder *Porsche Design Driver's Selection*).

**Produktpräsentationen** Designerstücke wie z. B. Möbel, Schmuck oder Taschen (z. B. *Gallery* im Mercedesmagazin).

**weitere Service-Seiten** im Audi Magazin *Audi A Plus*, im BMW Magazin *BMW Deutschland*, im christophorus *Porsche Deutschland* und im Mercedesmagazin *News & Facts*.

Die Beiträge der *Service-Seiten* werden nicht für die artikelbezogene Untersuchung herangezogen.

# 2 Artikelbezogene Untersuchung

Für die artikelbezogene Untersuchung ist die jeweilige Analyseeinheit der *Artikel*. Ein Artikel ist ein redaktioneller Beitrag in einer Zeitung oder Zeitschrift; er wird nach seiner jeweiligen Stilform bzw. Darstellungsform unterschieden (vgl. Rössler 2005, 81). Als *Artikel* gelten folglich alle Beiträge und Abschnitte, die unter einer gemeinsamen Überschrift sowie unter einem gemeinsamen Vorspann (falls ein Vorspann vorhanden ist) zusammengefasst sind. Ist keine Trennung durch eine Überschrift zu erkennen, handelt es sich nicht um einen Artikel, und es erfolgt keine Codierung.

## 2.1 Identifikationsvariablen für artikelbezogene Untersuchung

Die Identifikationsvariablen dienen der Zuordnung der erhobenen Daten zur betrachteten Analyseeinheit. Neben den Variablen *V1* und *V2* zur Identifikation des Heftes (vgl. Punkt 1.1 der heftbezogenen Untersuchung) wird die Variable *V9* codiert, um den Standort des Artikels innerhalb des jeweiligen Heftes genau zu bestimmen. Es wird die Seitenzahl *x* im jeweiligen Heft codiert, auf der die zu betrachtende Analyseeinheit beginnt – auch, wenn die Analyseeinheit mit einer Abbildung beginnt.

| Var. | Ausprägung | Code |
|---|---|---|
| **V9** | Seite | *xx* |

## 2.2 Journalistische Darstellungsformen

| Var. | Ausprägung | Code |
|---|---|---|
| **V10** | Bericht | 1 |
| | Reportage | 2 |
| | Feature | 3 |
| | Hybridform | 4 |
| | Portrait | 5 |
| | Interview | 6 |
| | Meldung | 7 |
| | Kolumne | 8 |
| | Leserbriefe | 9 |
| | Rätsel/Gewinnspiel | 10 |
| | andere | 11 |
| | keine erkennbar | 99 |

**Bericht** wird codiert, wenn eine tatsachenbetonte, präzise und umfassende Darstellung eines Ereignisses, eines Sachverhalts oder eines Themas vorliegt. Ein Bericht informiert den Leser ausführlich und tiefgehend. Kennzeichnend ist auch die Vermittlung nicht nur von Nachrichtenfakten, sondern von Zusammenhängen und Hintergründen.

**Reportage** wird codiert, wenn der Beitrag als ein authentischer Erlebnisbericht des Reporters beschrieben werden kann („Autor als Augenzeuge"). Dies ist dann der Fall, wenn mittels subjektiver Eindrücke, Emotionen und Empfindungen erlebte Tatsachen beschrieben werden. Anlass ist z. B. ein konkretes Ereignis, das einmalig ist und Besonderheiten aufweist. Kennzeichen einer Reportage sind Gefühlsbetontheit, Authentizität (Text ist meist im Präsens verfasst) sowie eine anschauliche Sprache. Dabei bleibt die Reportage ohne Wertung durch den Autor.

**Feature** wird codiert, wenn ebenfalls ein Tatsachenbericht vorliegt, dieser aber – im Gegensatz zur Reportage – frei von persönlichen Eindrücken und Empfindungen des Autors ist. Sein Inhalt ist recherchierbar und erklärt Hintergründe und Zusammenhänge, oft auch aus mehreren Blickwinkeln (Personen werden zitiert) und ist gespickt mit erzählerischen Elementen. Der Einstieg ist meist szenisch.

**Hybridform** wird codiert, wenn keine eindeutige Zuordnung zu den Darstellungsformen *Bericht*, *Feature* oder *Reportage* möglich ist, der jeweilige Beitrag aber eine Mischung von Merkmalen dieser drei Textgattungen aufweist.

**Portrait** wird codiert, wenn in dem Beitrag eine oder mehrere Personen, Firmen oder Institutionen, deren Denkweise und Charakter sowie ihre typischen Eigenschaften beschrieben werden.

**Interview** ist entweder an der klassischen Frage-Antwort-Form oder an der freien Interview-Form zu erkennen. Bei der letzt genannten Form werden Fragen und Antworten durch Erläuterungen und Beobachtungen des Autors aufgelockert. Beide Formen werden als *Interview* codiert.

**Meldung** wird codiert, wenn es sich um Kurz-Nachrichten handelt, die nur der Vermittlung von Informationen dienen. Eine Meldung ist es dann, wenn der Beitrag eine Länge von bis zu 20 Zeilen bei einem zweispaltigen oder bis zu 30 Zeilen bei einem dreispaltigen Satz hat. Eine Meldung beantwortet grundsätzlich die vier W-Fragen *Wer?*, *Was?*, *Wann?* und *Wo?* So genannte *Tickermeldungen* werden nicht codiert.

**Kolumne** wird codiert, wenn der Beitrag eine unterhaltende Meinungsäußerung darstellt, die auf pointierte und polemische Weise, auch in Ich-Form möglich, ein Thema oder einen Sachverhalt reflektiert.

**Leserbriefe** sind Veröffentlichungen von Lesermeinungen.

**Rätsel/Gewinnspiel** wird codiert, wenn z. B. Kreuzworträtsel oder Gewinnspiele in Form von „Beantworten Sie folgende Fragen..." zu finden sind.

So genannte *Specials* oder Sonderthemen, die einen Themenschwerpunkt haben und mehrere Beiträge umfassen (z. B. das *Uhren-Spezial* im christophorus, Ausgabe Dez. 05/Jan. 06) oder die einen Bezug zu einem zeitlich begrenzten Event haben (*IAA-Spezial*) werden nicht in die weitere Untersuchung einbezogen. Ebenfalls unberücksichtigt bleiben Analyseeinheiten, die den Service-Seiten zugerechnet werden.

Für die weitere artikelbezogene Untersuchung werden nur die Analyseeinheiten, die mindestens einen Umfang von einer Seite(Text und Abbildungen) haben und mit einer Codierung von *1* bis *6* versehen wurden, herangezogen.

## 2.3 Umfang der Analyseeinheit

| Var. | Ausprägung | Code |
|---|---|---|
| **V11** | Umfang der Analyseeinheit in Seiten | *xx* |

Eine Analyseeinheit umfasst Überschrift, Textkorpus mit Zwischentiteln, Vorspann und Abbildungen.

## 2.4 Artikelbezogene Strukturmerkmale

| Variable | Bezeichnung der Variablen<br>Ausprägung | Code |
|---|---|---|
| **V12.1** | **Überschrift** | |
| | nicht vorhanden | 0 |
| | vorhanden | 1 |
| **V12.2** | **Vorspann** | |
| | nicht vorhanden | 0 |
| | vorhanden | 1 |
| **V12.3** | **Zwischentitel** | |
| | nicht vorhanden | 0 |
| | vorhanden | 1 |
| **V12.4** | **Abbildungen** | |
| | nicht vorhanden | 0 |
| | vorhanden | 1 |
| **V12.5** | **Abbildungsunterschriften** | |
| | nicht vorhanden | 0 |
| | vorhanden | 1 |

Als *Zwischentitel* werden hier diejenigen Textteile bezeichnet, die sich entweder durch Schriftgröße, Schriftart und/oder Schriftfarbe vom Fließtext abheben oder aber aufgrund anderer gestalterischer Mittel wie Unterstreichungen oder das Durchbrechen der Spalteneinteilung hervorstechen. Nicht als Zwischentitel gelten Fettdrucke der jeweiligen Schriftart zu Beginn eines neuen Absatzes.

Als *Abbildungen* werden Fotos, Zeichnungen, Illustrationen, Landkarten, Tabellen, Grafiken und Infokästen codiert. Wenn Abbildungen zu dem jeweiligen Beitrag gehören, wird die Variable *V12.5* ebenfalls codiert.

Die Variable *Abbildungsunterschriften* wird als *vorhanden* codiert, wenn zu jedem Bild eine eigene Abbildungsunterschrift vorhanden ist. Gibt es mehrere

Abbildungen und nur eine Abbildungsunterschrift, so muss aus dieser deutlich hervorgehen, welcher Textteil welche Abbildung beschreibt. Dies kann beispielsweise durch den Verweis „im Bild links“ oder durch Hinweise wie „unten“ oder „oben“ präzisiert werden. Geht eine Analyseeinheit über mehrere Seiten und zeigt ihre erste Seite eine Abbildung, so muss diese keine Abbilungsunterschrift haben.

## 2.5 Quellenangaben

| Variable | Bezeichnung der Variable<br>Ausprägung | Code |
|---|---|---|
| **V13.1** | **Verfasser des Artikels** | |
| | nicht ausgewiesen | 0 |
| | teilweise ausgewiesen | 1 |
| | vollständig ausgewiesen | 2 |
| **V13.2** | **Fotograf/Illustrator des Artikels** | |
| | nicht ausgewiesen | 0 |
| | teilweise ausgewiesen | 1 |
| | vollständig ausgewiesen | 2 |

## 2.6 Vermittlung/Interaktivität

| Var. | Ausprägung | Code |
|---|---|---|
| **V14** | nicht vorhanden | 0 |
| | vorhanden | 1 |

Die Variable *Vermittlung/Interaktivität* ist zum einen dann gegeben, wenn Hinweise zu weiterführenden Informationen zum Inhalt des jeweiligen Beitrags (Internetseiten, Hotlines usw.) angegeben sind, und zum anderen, wenn die Leser aufgefordert werden, ihre Meinung zu einem Thema oder einem Sachverhalt zu äußern.

## 2.7 Inhalte

| Var. | Ausprägung | Code |
|---|---|---|
| **V15** | keine Zuordnung möglich | 99 |
| | PR-Beitrag | 1 |
| | senderaffiner Beitrag | 2 |
| | unabhängiger Beitrag | 3 |

**PR-Beitrag** eine Analyseeinheit ist als *PR-Beitrag* zu bezeichnen, wenn darin ausschließlich unternehmens- und produktbezogene Themen behandelt werden; dazu gehören u. a. Produkte, Modelle, Ausstattung und Preise, Baureihen, Zubehör, Dienstleistungen und Service sowie die Unternehmensgeschichte, die Unternehmensstrategie, Forschung und Entwicklung, Umweltschutz und das soziale Engagement des Unternehmens. Diese Beiträge konzentrieren sich ganz auf das Unternehmen und seine Automobilmarke.

**senderaffiner Beitrag** wird codiert, wenn die Analyseeinheit ein vom Unternehmen und seinem Produkt unabhängiges Thema als Schwerpunkt hat; primär geht es um etwas ganz anderes als das Unternehmen und das Automobil. Dennoch wird das Unternehmen und/oder seine Automobilmarke explizit genannt und spielt untergeordnet eine Rolle bzw. taucht unvermittelt, also völlig losgelöst von dem eigentlichen Inhalt des Artikels, auf, oder es wird darauf verwiesen, ohne dass ein konkreter Zusammenhang zwischen dem eigentlichen Inhalt des Artikels und dem Unternehmen und/oder seiner Marke zu erkennen ist. So ist ein Beitrag dann als *senderaffin* zu codieren, wenn das Unternehmen und/oder seine Automobilmarke beispielsweise nur als Aufhänger für den thematischen Einstieg des Beitrags dienen. Senderaffinität betrifft grundsätzlich die gesamte Analyseeinheit, also Textkorpus und Abbildungen. Nicht als *senderaffin* gilt, wenn der Beitrag einen Bezug zur Automobilbranche im Allgemeinen hat.

**unabhängiger Beitrag** das ist diejenige Analyseeinheit, in der das Unternehmen und seine Produkte nicht thematisiert und auch nicht erwähnt werden; es handelt sich also um produkt- und unternehmensfremde Inhalte.

Wird hier *senderaffiner Beitrag* codiert, geht es weiter zu *V16*, ansonsten direkt zu *V17*.

## 2.8 Senderaffinität

| Var. | Ausprägung | Code |
|---|---|---|
| **V16** | Senderaffinität im Text | 1 |
| | Senderaffinität in Abbildung | 2 |
| | Senderaffinität im Text und in Abbildung | 3 |

*Senderaffinität in Abbildung* umfasst, wenn vorhanden, auch die Abbildungsunterschriften.

## 2.9 Handlungsträger im Artikel

| Variable | Bezeichnung der Variable | |
|---|---|---|
| | Ausprägung | Code |
| **V17.1** | **Angehöriger des Unternehmens** | |
| | nicht vorhanden | 0 |
| | vorhanden | 1 |
| **V17.2** | **Automobil-Experte** | |
| | nicht vorhanden | 0 |
| | vorhanden | 1 |
| **V17.3** | **Forscher/Wissenschaftler** | |
| | nicht vorhanden | 0 |
| | vorhanden | 1 |
| **V17.4** | **Prominenz** | |
| | nicht vorhanden | 0 |
| | vorhanden | 1 |
| **V17.5** | **Andere** | |
| | nicht vorhanden | 0 |
| | vorhanden | 1 |

*Handlungsträger* meint Personen, die im Beitrag zu Wort kommen und/oder handeln. Dabei müssen sie eine tragende Rolle spielen und die Handlung im wesentlichen bestimmen.

Codiert werden die ersten drei Personen in der Reihenfolge ihres Erscheinens in der Analyseeinheit. Gibt es mehrere Akteure, die demselben Handlungsträgertypen zuzuordnen sind (z. B. drei Automobil-Experten), wird für diesen Handlungsträgertypen *vorhanden* codiert. Ist kein Handlungsträger erkennbar, wird bei allen fünf Ausprägungen *nicht vorhanden* codiert.

**Angehöriger des Unternehmens** es muss explizit im Text erwähnt werden, dass es sich bei der Person um einen Angehörigen/Mitarbeiter des Unternehmens Audi, BMW, Porsche oder DaimlerChrysler handelt, z. B. wenn es heißt „...so XY, Leiter der Abteilung Z bei Audi".

**Automobil-Experte** dazu gehören alle explizit als Automobil-Experten ausgewiesenen Personen wie z. B. Branchenkenner, Fahrlehrer, Techniker, Auto- und Motor-Journalisten oder Motorsportler (z. B. aus der Formel Eins oder der DTM).

**Forscher/Wissenschaftler** als Forscher bzw. Wissenschaftler gelten all diejenigen, deren akademischer Grad und akademische Stellung genannt wird. Unerheblich ist, welcher Fachrichtung sie angehören.

**Prominenz** zu den prominenten Personen zählen u. a. Schauspieler, Sportler (Sportler aus dem Bereich Motorsport werden als *Automobil-Experte* codiert), Künstler, Politiker oder andere bekannte Persönlichkeiten.

**Andere** werden für Personen codiert, die keiner der bisher genannten Gruppen zuzuordnen sind.

## 2.10 Perspektiven- und Akteursvielfalt

| Var. | Ausprägung | Code |
|---|---|---|
| **V18** | nicht zu beurteilen | 0 |
| | nur eine Perspektive | 1 |
| | zwei Perspektiven | 2 |
| | mehr als zwei Perspektiven | 3 |

Das Postulat der Vielfalt im Journalismus bezieht sich u. a. sowohl auf die Perspektiven und Interessen als auch auf die Akteure eines Artikels: Wie viele Perspektiven werden zur Beurteilung eines Sachverhalts oder eines Ereignisses herangezogen? Werden mehrere Personen dazu befragt, werden verschiedene Meinungen dargestellt? Auch sich ergänzende oder sich widersprechende Meinungen gelten als *Vielfalt* und werden dementsprechend mit *2* oder *3* codiert. Perspektive und Person werden hier als eine Einheit betrachtet, da Personen und ihre Ansichten zusammengehören.

## 2.11 Konflikt

| Var. | Ausprägung | Code |
|---|---|---|
| **V19** | kein Konflikt erkennbar | 99 |
| | Konfliktpotenzial niedrig | 1 |
| | Konfliktpotenzial hoch | 2 |

*Konflikt* meint das Äußern und Aufzeigen von Problemen, Schwierigkeiten, Kontroversen oder Mängeln: z. B. technische Neuheiten im Bereich der Fahrzeugtechnik, die noch nicht ausgereift sind und die der Optimierung bedürfen, oder ein Reisebericht, der nicht nur die touristischen Seiten des jeweiligen Reiseziels erwähnt, sondern auch Probleme wie z. B. Armut oder Umweltverschmutzung aufzeigt. Je mehr gegensätzliche und negative Aspekte thematisiert werden, desto höher ist das Konfliktpotenzial: Sind ein bis zwei Konflikte zu erkennen, wird *Konfliktpotenzial niedrig* codiert. Sind mehr als zwei Konflikte auszumachen, wird *Konfliktpotenzial hoch* codiert.

***ibidem*-Verlag**
Melchiorstr. 15
D-70439 Stuttgart
info@ibidem-verlag.de

www.ibidem-verlag.de
www.ibidem.eu
www.edition-noema.de
www.autorenbetreuung.de

MIX
Papier | Fördert gute Waldnutzung
FSC® C083411

Zeitfracht Medien GmbH
Ferdinand-Jühlke-Straße 7
99095 Erfurt, Deutschland
produktsicherheit@kolibri360.de